Xizang Jilonggou Diqu Daxing Zhenjun Tujian

西藏吉隆沟地区
大型真菌图鉴

徐爱国　于晓丹　主　编

北方联合出版传媒（集团）股份有限公司

辽宁科学技术出版社

图书在版编目（CIP）数据

西藏吉隆沟地区大型真菌图鉴 / 徐爱国，于晓丹主编. -- 沈阳：辽宁科学技术出版社, 2025. 1. -- ISBN 978-7-5591-4000-5

Ⅰ. Q949. 320. 8-64

中国国家版本馆CIP数据核字第2024JR3335号

出版发行：辽宁科学技术出版社
　　　　　（地址：沈阳市和平区十一纬路 25 号　邮编：110003）
印　刷　者：辽宁鼎籍数码科技有限公司
经　销　者：各地新华书店
幅面尺寸：210mm×285mm
印　　张：15
字　　数：220 千字
出版时间：2025 年 1 月第 1 版
印刷时间：2025 年 1 月第 1 次印刷
责任编辑：陈广鹏
封面设计：周　洁
责任校对：王玉宝

书　　号：ISBN 978-7-5591-4000-5
定　　价：148.00元

联系电话：024-23280036
邮购热线：024-23284502
http://www.lnkj.com.cn

本书编委会

主　　编　徐爱国　于晓丹
副主编　党卫东　杨瑞恒　郭洪波　丹增晋美
编　　委　徐　菲　刘世来　杨兆乾　郭耀宾　齐　悦　文雪梅　衣井芳
　　　　　朱晨朝　陈奕依　鲁跃东　旺　加　杨　乐　土艳丽　张　驰
摄　　影　徐爱国　于晓丹　杨瑞恒　郭洪波　徐　菲　刘世来　杨兆乾　郭耀宾

参加单位：
西藏自治区高原生物研究所
沈阳农业大学
高原菌物标本室
吉隆沟生物多样性观测研究站
西藏自治区生物资源与生物安全重点实验室
高原真菌重点实验室
吉隆县农业农村和科技水利局
上海市农业科学院
沈阳工学院

项目资助信息：
西藏自治区中央引导地方项目《基于吉隆沟生物多样性观测研究站的西藏特色生物资源调查与评估创新基地建设》（项目编号：XZ202301YD0007C）"吉隆沟大型真菌种质资源分析与评估"课题（课题编号：XZ202301YD0007C02）

　　吉隆沟是喜马拉雅五条沟中最西边的一条，位于西藏自治区日喀则市吉隆县境内，自宗嘎镇起到底部吉隆口岸。吉隆沟地处中喜马拉雅南坡，地势东高西低，平均海拔在2800米以上，受印度洋暖湿气流和海拔高度的影响，峡谷内形成了独具特色的垂直生态系统体系，从亚热带生态系统一直延伸到高山的高寒生态系统。吉隆沟属于亚热带山地季风气候区，主要降水时间集中在6—9月，占全年总降水量的65%。吉隆沟自古以来就是我国西藏地区和尼泊尔之间的交通要道，近年来在"一带一路"倡议和南亚大通道建设背景下，吉隆口岸边境贸易规模不断扩大，吉隆沟也成为我国西藏地区与南亚国家贸易往来的"黄金通道"。

　　吉隆沟内的生态资源包括自然生态和人文生态2个大类、8个主类、25个亚类，其中重要的野生植物资源43种，野生动物资源31种。区域内有以高山栎、糙皮桦为主的常绿阔叶林，也有由长叶云杉、红豆杉、乔松、喜马拉雅冷杉组成的常绿针叶林。

　　吉隆沟地区多样的植被类型及适宜的气候条件孕育了种类丰富的大型真菌。但是由于交通等各种因素的影响，与吉隆沟地区大型真菌相关的文献研究资料却很少，食药用菌相关研究还处于空白。1993年卯晓岚等编著的《西藏大型经济真菌》记录了西藏地区588种大型经济真菌，其中来自吉隆沟及其周边地区的大型真菌标本只有350余份。近年来，有学者陆续对西藏地区的大型真菌物种进行了相关报道，目前涉及的地区仅包括南伊沟、色季拉山、高寒森林区、林芝和昌都等地，而对吉隆沟地区经济真菌资源的调查研究还不够充分和深入，物种名录尚不明确，其食药用菌产业发展也还属于起步阶段。为此作者通过对吉隆沟地区10余年的调查研究，对采集的标本进行形态学和分子系统学鉴定，将鉴定成果撰写成书，并对其中的食药用真菌资源进行评价，调查结果将对该地区的大型真菌资源的开发利用提供有力支撑。

目 录　　　　　　　　　　　　　　　　　　　　　　　　Contents

昆明蘑菇
Agaricus kunmingensis R.L. Zhao

- **分类地位**　伞菌纲Agaricomycetes、伞菌目Agaricales、伞菌科Agaricaceae
- **形态特征**　子实体中等大；菌盖直径2～5cm，钟形至平展，边缘内卷，表面干燥，被一层颗粒状鳞片，通体浅棕色，中间颜色较深；菌褶离生，较密，深棕色；菌柄（9～11）cm×（0.6～1）cm，棕色至深棕色，圆柱形，基部稍膨大，空心，表面粗糙，上部白色，下部浅棕色，被一层细小鳞片；有菌环；菌肉较厚，伤变红棕色；担孢子（4.1～5.3）μm×（2.7～3.3）μm，椭圆形，棕色，光滑，壁厚，无牙孔；具有囊状体。
- **生　　境**　夏秋季生于混交林中地上，单生或散生。
- **价　　值**　食毒不明。
- **分　　布**　云南、西藏。
- **标 本 号**　AF4179，AF4188

郎氏蘑菇
Agaricus langensis M.Q. He & R.L. Zhao

- **分类地位**　伞菌纲Agaricomycetes、伞菌目Agaricales、伞菌科Agaricaceae
- **形态特征**　子实体中等大；菌盖直径2.5～5cm，中间微凸至平展，边缘内卷，底色白，菌盖中间被有大量深棕色鳞片，向边缘散去，边缘表面鳞片数量渐少；菌褶离生，褐色，密；菌柄（6～7）cm×（0.6～0.7）cm，细长，污白色，表面具丝光；菌肉白色，较厚；有菌环；担孢子（6.3～8.3）μm×（3.7～5.1）μm，棕色，光滑，椭圆形至卵圆形。
- **生　　境**　夏秋季生于林中地上，散生。
- **价　　值**　食毒不明。
- **分　　布**　西藏。
- **标 本 号**　AF4338

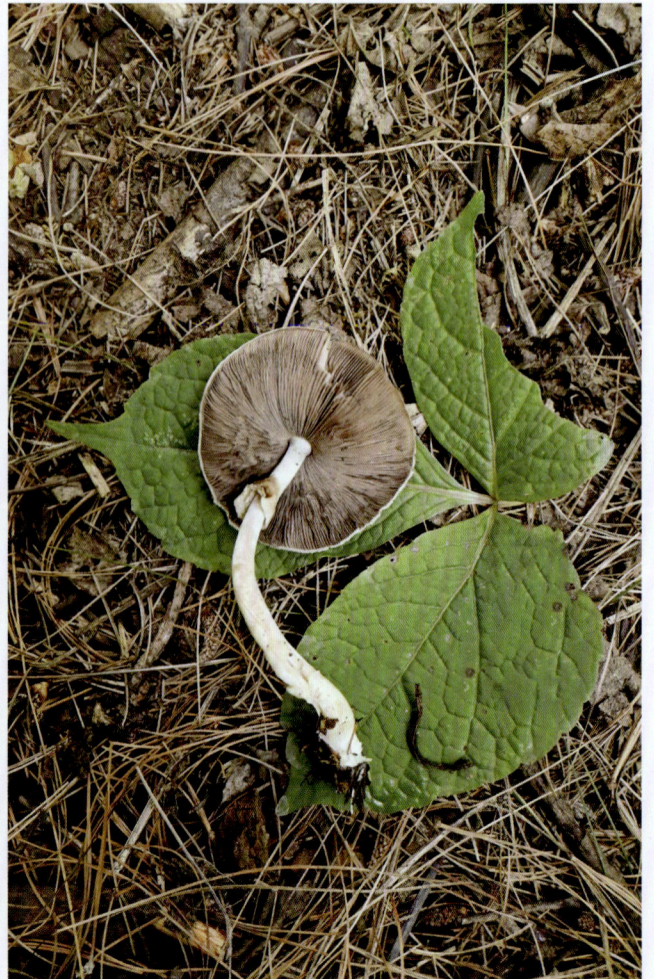

近紫红蘑菇
Agaricus parasubrutilescens Callac & R.L. Zhao

- ▪**分类地位** 伞菌纲Agaricomycetes、伞菌目Agaricales、伞菌科Agaricaceae
- ▪**形态特征** 子实体较大；菌盖直径8.5~12.5cm，底色白，表面被棕色小鳞片，中间鳞片多，颜色深，边缘鳞片减少，颜色浅；菌褶离生，密，棕色；菌柄（12~15）cm×（0.6~1.1）cm，圆柱形，浅棕色，被大量白色绒毛，有时弯曲；有菌环；菌肉白色，厚；担孢子（4.2~6）μm×（3~3.5）μm，椭圆形，褐色，光滑。
- ▪**生　　境** 夏季生于林中地上，散生。
- ▪**价　　值** 食毒不明。
- ▪**分　　布** 云南、西藏。
- ▪**标 本 号** AF3468，AF3538

斯瓦特蘑菇

Agaricus swaticus H. Bashir, S. Jabeen, S. Ullah, Khalid & L.A. Parra

- **分类地位** 伞菌纲Agaricomycetes、伞菌目Agaricales、伞菌科Agaricaceae
- **形态特征** 子实体中等至大型；菌盖直径5～11cm，中间凸起至平展，底色白，中间被大量深棕色至黄棕色鳞片，向边缘散去，鳞片数量渐少；菌褶离生，密，棕色；菌柄（4～10）cm×（0.5～1.3）cm，基部稍膨大，有假根，白色，光滑；有菌环；菌肉白色，伤变黄；担孢子（5.6～6.7）μm×（3.7～4.1）μm，光滑，宽椭圆形，棕色，无牙孔。
- **生　　境** 夏秋季生于林中地上，单生或散生。
- **价　　值** 食毒不明。
- **分　　布** 西藏。
- **标　本　号** AF4430

平田头菇
Agrocybe pediades (Fr.) Fayod

- **分类地位** 伞菌纲Agaricomycetes、伞菌目Agaricales、球盖菇科Strophariaceae
- **形态特征** 子实体小型；菌盖直径1～3cm，幼时半球形，趋于平展状，中间具凸起，表面淡茶色至浅黄色，光滑，边缘幼时内卷，有不明显放射状条纹；菌褶弯生，初期奶油色，成熟后变褐色至锈棕色，稀疏；菌柄长2～7cm，直径1～2mm，近圆柱形，中生，与菌盖同色，表面具纵向条纹，初期实心，后变空心；菌环纤丝状，易消失；菌肉白色至浅黄色，较薄；担孢子（11～14）μm×（7～8）μm，椭圆形，光滑，深褐色。
- **生　　境** 夏秋季生于草地上，散生或群生。
- **价　　值** 可食用。
- **分　　布** 中国华南地区及西藏等。
- **标　本　号** AF4478

平田头菇

橙黄网孢盘菌
Aleuria aurantia **(Pers.) Fuckel**

- **分类地位**　盘菌纲Pezizomycetes、盘菌目Pezizales、火丝菌科Pyronemataceae
- **形态特征**　子实体小型；子囊盘直径1~8cm，盘状或近杯状，无柄，子实层面橙黄色或鲜橙黄色，背面及外表面近白色，粉末状；子囊孢子无色，初期光滑，后期形成网纹，两端有一小尖，圆柱形，（15~21）μm×（8~11.5）μm；侧丝纤细，粗2.5~3μm，顶端膨大处5~6μm。
- **生　　境**　夏秋季生于林中地上，群生。
- **价　　值**　不宜食用。
- **分　　布**　吉林、青海、山西、西藏。
- **标 本 号**　AF39，AF4398，AF4404

艾氏鹅膏

Amanita ahmadii Jabeen, I. Ahmad, M. Kiran, J. Khan & Khalid

▪**分类地位**　伞菌纲Agaricomycetes、伞菌目Agaricales、鹅膏菌科Amanitaceae

▪**形态特征**　子实体小型至中等大；菌盖直径4~7cm，深灰色，有时有角状鳞片，脱落后光滑，中间凸起至平展，边缘常开裂；菌褶离生，密，白色；菌柄（6.7~9）cm×（0.6~1.5）cm，基部膨大，表面底色白，被褐色小鳞片，容易开裂；有菌环，易脱落；菌肉白色；担孢子（7~8.5）μm×（6.5~7.5）μm，球形至椭圆形，无色，光滑。

▪**生　　境**　夏秋季生于针叶林中地上，单生。

▪**价　　值**　食毒不明。

▪**分　　布**　西藏。

▪**标 本 号**　AF3459

长柄鹅膏

Amanita altipes Zhu L. Yang, M. Weiss et Oberw.

- **分类地位**　伞菌纲Agaricomycetes、伞菌目Agaricales、鹅膏菌科Amanitaceae
- **形态特征**　子实体小型至中等大；菌盖直径4～9cm，黄色，半球形至钟形，后平展，被有黄色块状鳞片，边缘有沟纹；菌褶离生，白色至黄色；菌柄（9～16）cm×（0.5～1.8）cm，淡黄色，表面粗糙，被淡黄色小鳞片，基部近球形，白色；有菌环，上位，附黄色至淡黄色的鳞片；菌肉白色；担孢子（8～10）μm×（7.5～9.5）μm，无色，球状至亚球形，光滑。
- **生　　境**　夏秋季生于亚高山针叶林、阔叶林及针阔混交林中地上，散生。
- **价　　值**　食毒不明。
- **分　　布**　湖北、四川、云南、甘肃、西藏。
- **标　本　号**　AF3194，AF3219，AF3220

巴塔鹅膏

Amanita battarrae (Boud.) Bon

- **分类地位**　伞菌纲Agaricomycetes、伞菌目Agaricales、鹅膏菌科Amanitaceae
- **别　　名**　灰褐黄鹅膏菌
- **形态特征**　子实体中等大或较大；菌盖直径5～10cm，初期半球形至钟形，后期平展至边缘上翘，灰褐色，光滑，靠边缘有比较明显的一圈黄色环带，且有明显的条纹；菌褶白色，离生，不等长；菌柄细长，长9～12cm，粗0.8～1.3cm，圆柱形，向下渐粗，表面褐色，向下渐深，上部有粗粉粒，向下有毛状鳞片；菌托白色，苞状，常有土黄色斑点；菌肉白色；担孢子光滑，无色，近圆球形，（7.8～16）μm×（9～13）μm。
- **生　　境**　夏秋季生于阔叶或针阔混交林中地上，散生或单生。
- **价　　值**　食毒不明。
- **分　　布**　山东、广东、广西、四川、贵州、陕西、河南、西藏。
- **标 本 号**　AF3667

块鳞鹅膏菌
Amanita excelsa (Fr.) Bertill.

▪**分类地位**　伞菌纲Agaricomycetes、伞菌目Agaricales、鹅膏菌科Amanitaceae

▪**形态特征**　子实体中等大；菌盖直径可达10cm，扁半球形，开伞后平展，灰褐色，有深棕色易脱落的块鳞片，边缘无条纹；菌褶白色，离生，不等长；菌柄细长，长12～16cm，粗1～2.5cm，圆柱形，近白色，下部有灰色鳞片，基部膨大呈球形；无菌环；菌托由灰色环带物组成，易脱落；菌肉白色，离生，不等长；担孢子无色，光滑，椭圆形，（9～11）μm×（6～8）μm；具有褶缘囊体。

▪**生　　境**　夏秋季生于阔叶林中地上，单生。

▪**价　　值**　极毒。

▪**分　　布**　江苏、四川、广东、云南、西藏。

▪**标 本 号**　AF3242

赤褐鹅膏菌
Amanita fulva **Fr.**

- **分类地位** 伞菌纲Agaricomycetes、伞菌目Agaricales、鹅膏菌科Amanitaceae
- **形态特征** 子实体中等大；菌盖直径6～11cm，初期卵圆形至钟形，后渐平展，灰褐色，中部稍凸起且往往近栗色，光滑，边缘具明显条纹；菌褶白色，离生，较密，不等长；菌柄细长，长9～18.5cm，粗0.9～2cm，圆柱形，较菌盖色淡，光滑或有粉质鳞片，内部松软至空心；无菌环；菌托较大，苞状，浅土黄色；菌肉白色或乳白色，较薄；担孢子无色，光滑，球形至近卵圆形，（10～13）μm×（9～10.5）μm。
- **生　　境** 夏秋季生于林中地上，单生或散生。
- **价　　值** 可食用，味道较好。
- **分　　布** 河南、江苏、安微、福建、海南、广西、云南、四川、西藏。
- **标 本 号** AF4669

砂砾鹅膏
Amanita glarea Jabeen, Kiran & Sadiqullah

- **分类地位**　伞菌纲Agaricomycetes、伞菌目Agaricales、鹅膏菌科Amanitaceae
- **形态特征**　子实体中等大；菌盖直径3～6cm，成熟时凸面至扁平，稍微隆起，幼时深灰色，成熟后颜色渐浅，浅灰色，表面干燥，具有明显条纹；菌褶米白色，离生，不等长；菌柄（5～7.7）cm×（0.8～1.5）cm，圆柱形，表面干燥，棕色至灰白色，表面有灰色鳞片，向基部变光滑；菌环呈层状；有菌托；菌肉白色或乳白色；担孢子（10.1～11.7）μm×（10.4～11）μm，球形至亚球形，光滑，薄壁，淀粉质。
- **生　　境**　夏秋季生于雪松林地上，单生或散生。
- **价　　值**　食毒不明。
- **分　　布**　山西、西藏。
- **标 本 号**　AF3423，AF3438，AF3456

灰豹斑鹅膏

Amanita griseopantherina Y.Y. Cui, Q. Cai & Zhu L. Yang

- **分类地位** 伞菌纲Agaricomycetes、伞菌目Agaricales、鹅膏菌科Amanitaceae
- **形态特征** 子实体中等到大型；菌盖直径6～14cm，中凸至平展，黄棕色，被有白色角状鳞片，边缘有放射状条纹；菌褶白色，离生，小菌褶平截；菌柄（7～20）cm×（1～3）cm，圆柱形，白色，被大量白色角状鳞片，基部为近球形球茎；有菌环；菌肉白色；担孢子（9.5～12）μm×（8～10）μm，宽椭圆形，白色，光滑。
- **生　　境** 夏秋季生于以冷杉和云杉为主的亚高山森林中，单生到散生。
- **价　　值** 食毒不明。
- **分　　布** 中国云贵川及藏东南地区。
- **标 本 号** AF3997，AF4669

李逵鹅膏

Amanita liquii Zhu. L. Yang, M. Weiss & Oberw.

▪ **分 类 地 位**　伞菌纲Agaricomycetes、伞菌目Agaricales、鹅膏菌科Amanitaceae

▪ **形 态 特 征**　子实体较大；菌盖直径10～14cm，初期近半球形，中间凸起，棕褐色至浅黑色，边缘变成浅黑棕色至深棕色，边缘具条纹，表面被满白色角状鳞片；菌褶离生，密集，奶油色，成熟时带灰色，边缘深棕色；菌柄（13～17）cm×（1.5～3）cm，圆柱形，向下渐粗，白色至棕色，带有密集深灰色至黑色的鳞片；无菌环；无菌托；菌肉白色；担孢子（11.5～15）μm×（11～14.5）μm，球形至近球形，淀粉质，无色，薄壁，光滑。

▪ **生　　　境**　夏秋季生于高山、亚高山针叶林下，散生。

▪ **价　　　值**　食毒不明。

▪ **分　　　布**　台湾、四川、云南、西藏。

▪ **标　本　号**　AF3572

李逵鹅膏

015 赭色鹅膏

Amanita ochracea (Zhu L. Yang) Y.Y. Cui, Q. Cai & Zhu L. Yang

- **分类地位** 伞菌纲Agaricomycetes、伞菌目Agaricales、鹅膏菌科Amanitaceae
- **形态特征** 子实体大型；菌盖直径10～25cm，幼时凸，成熟时扁平，幼时深棕色，成熟时黄褐色，表面被黄色鳞片，边缘具条纹；菌褶密，白色至奶油色，边缘黄色至棕色，离生；菌柄（15～35）cm×（2～3）cm，近圆柱形或略向上逐渐变细，下端膨大，黄色至淡黄色；菌环黄色，边缘黄褐色，膜质，表面覆盖黄褐色至红棕色鳞片；菌肉白色；担孢子（9～12.5）μm×（7～9）μm，宽椭圆形至椭圆形，淀粉质，无色，薄壁，光滑。
- **生　　境** 夏秋季生于针叶林和阔叶林的地上，单生。
- **价　　值** 食毒不明。
- **分　　布** 中国云贵川及藏东南地区。
- **标 本 号** AF3005，AF3507，AF3524

假灰托鹅膏菌
Amanita pseudovaginata Hongo

- **分类地位** 伞菌纲Agaricomycetes、伞菌目Agaricales、鹅膏菌科Amanitaceae
- **形态特征** 子实体较小；菌盖直径4～6.5cm，半球形至扁半球形，后期近平展或边缘上翘且有长条棱，灰褐色，中间深灰褐色，表面具微绒毛；菌褶灰白色，边缘色暗，离生；菌柄（5～8.5）cm×（0.8～1.5）cm，圆柱形，灰色，中空；菌托污白或灰白色；菌肉白色或近污白色；担孢子无色，光滑，宽卵圆形，（8.5～12.5）μm×（8～10）μm。
- **生　　境** 夏秋季生于林中地上，单生或群生。
- **价　　值** 可食用。
- **分　　布** 四川、西藏。
- **标 本 号** AF4457

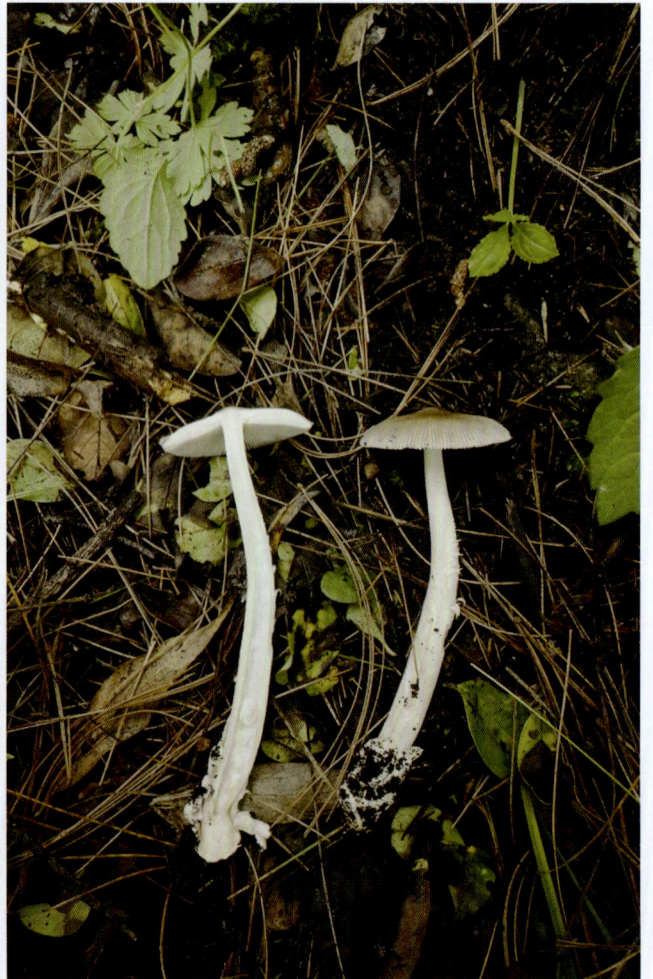

春季鹅膏

Amanita vernicoccora **Bojantchev & R.M. Davis**

▪**分类地位**　伞菌纲Agaricomycetes、伞菌目Agaricales、鹅膏菌科Amanitaceae

▪**形态特征**　子实体中等至大型；菌盖直径6~18cm，幼时呈半球形至凸形，边缘有短条纹，黄色至淡黄色，菌盖中央深黄褐色，有白色的膜状残留物；菌褶密，宽10~18mm，白色至淡奶油色，离生，不等长；菌柄（5~14）cm×（1.5~3）cm，圆柱形，成熟时呈白色带黄色调，菌柄中空或纤维质；菌环上位，膜质，表面具条纹，白色至淡黄色；菌托厚，易碎，白色；菌肉白色至淡黄色；气味温和至刺鼻；担孢子（9.2~11.8）μm×（6.2~7.1）μm，宽椭球形，有明显的侧尖，透明，淀粉质。

▪**生　　境**　冬末至春季生于林中地上，散生。

▪**价　　值**　食毒不明。

▪**分　　布**　西藏。

▪**标 本 号**　AF3562，AF3696

黄小密环菌
Armillaria cepistipes Velen.

▪ 分类地位	伞菌纲Agaricomycetes、伞菌目Agaricales、泡头菌科Physalacriaceae
▪ 形态特征	子实体中等至大型；菌盖直径4～15cm，半球形至扁平，浅黄褐色或红褐色，中央色深，形成宽的环带，幼时有暗褐色鳞片，老后边缘上翘并有条纹，表面湿时水浸状，有细小纤毛或老后变光滑；菌褶污白，有时有褐斑，直生至延生，稍密，不等长；菌柄（5～12）cm×（0.5～1.3）cm，上部污白色，下部色深，有白色或浅黄色鳞片，向下渐粗，基部膨大；菌环呈污白色或带黄色，丝膜状，有时盖缘留有残迹；菌肉污白色或变深；担孢子光滑，宽椭圆形，（7.2～9.5）μm×（5～6.5）μm。
▪ 生　　境	夏秋季生于腐木上，群生或单生。
▪ 价　　值	可食用。
▪ 分　　布	中国广泛分布。
▪ 标 本 号	AF2122，AF2733

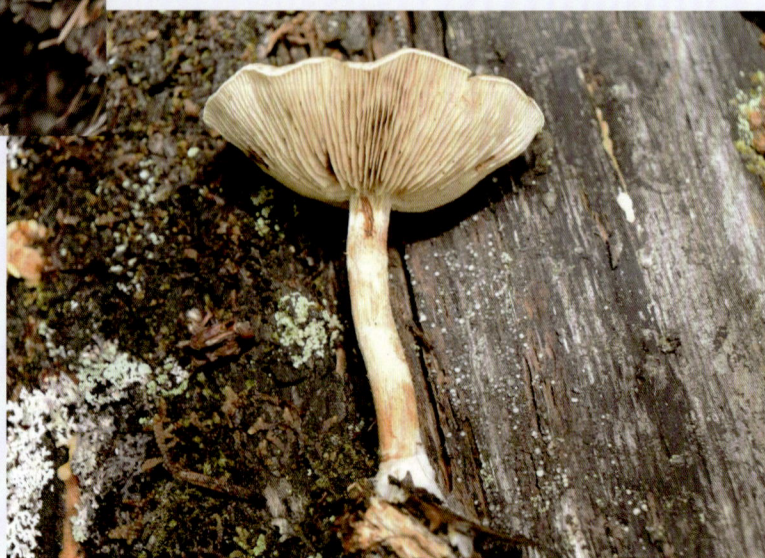

奥氏蜜环菌
Armillaria ostoyae (Romagn.) Herink

- **分类地位** 伞菌纲Agaricomycetes、伞菌目Agaricales、泡头菌科Physalacriaceae
- **形态特征** 子实体小型至中等大；菌盖直径3～12cm，初时半球状，红棕色至深棕色，后逐渐平展，颜色稍浅，边缘黄棕色，中央浅棕色，具浅褐色毛状鳞片，向边缘渐少；菌褶直生至延生，初时白色或污白色，后逐渐变为浅褐色；菌柄（6～15）cm×（2～3）cm，圆柱形，初时污白色，后逐渐变为浅棕色，具毛状鳞片；菌环白色，易脱落；菌肉白色至污白色；担孢子（8～11）μm×（5～7）μm，椭圆形，光滑，无色，非淀粉质。
- **生　　境** 夏秋季群生于针叶林中地上或树干基部，群生。
- **价　　值** 食药用。
- **分　　布** 中国广泛分布。
- **标 本 号** AF3142

奥氏蜜环菌

西藏囊多孔菌

Ascopolyporus tibetensis F.M. Yu, Q. Zhao & T. Luangharn

- **分类地位** 粪壳菌纲Sordariomycetes、肉座菌目Hypocreales、虫草菌科Cordycipitaceae
- **形态特征** 子实体中等大，近球形至球形，表面光滑，下部起皱，与竹茎接触，上部黄色至橄榄黄色，大小不一，直径2~5cm；子囊平均391μm×20μm，透明，圆柱形；子囊孢子（105~296）μm×（4~6.5）μm。
- **生　　境** 秋季生于竹子的活茎上，单生。
- **价　　值** 食毒不明。
- **分　　布** 西藏。
- **标 本 号** AF4351

松球小孢伞
Baeospora myosura (Fr.) Singer

- **分类地位**　伞菌纲Agaricomycetes、伞菌目Agaricales、未定科Incertae sedis
- **形态特征**　子实体小型；菌盖直径1~2.5cm，表面光滑，浅黄褐色至褐色，干后颜色变浅；菌褶直生，密，白色；菌柄（3~5）mm×（1~3）mm，圆柱形，细长，表面光滑，颜色较菌盖浅，基部具有白色长绒毛；菌肉薄，白色至近白色；担孢子（4.5~6）μm×（2.5~3.5）μm，椭圆形，光滑，无色，淀粉质。
- **生　　境**　晚秋至冬季生于林内落地球果上，单生或散生。
- **价　　值**　食毒不明。
- **分　　布**　中国东北地区及西藏。
- **标 本 号**　AF4123，AF4124，AF4128，AF4209，AF4213

橘色小双孢盘菌

Bisporella citrina (Batsch) Korf & S.E. Carp.

- ▪ **分 类 地 位** 　锤舌菌纲Leotiomycetes、柔膜菌目Helotiales、柔膜菌科Helotiaceae
- ▪ **形 态 特 征** 　子实体小型，柠檬黄色至橘黄色，杯形至盘形，上、下表面均光滑，干后有褶皱，颜色变深；子囊盘直径约3.5mm；菌柄短小且下端渐细或不具柄，光滑；子囊（100~135）μm×（7~10）μm；子囊孢子（8.5~14）μm×（3~5）μm，椭圆形，表面光滑，具油滴，成熟后常具隔。
- ▪ **生　　境** 　夏秋季群生于阔叶林腐木上，群生。
- ▪ **价　　值** 　食毒不明。
- ▪ **分　　布** 　中国华南地区及西藏。
- ▪ **标 本 号** 　AF4391

香地小双孢盘菌
Bisporella shangrilana W.Y. Zhuang & H.D. Zheng

▪分类地位　　锤舌菌纲Leotiomycetes、柔膜菌目Helotiales、柔膜菌科Helotiaceae

▪形态特征　　子实体小型，浅盘状至杯状，内表面较浅，浅黄色至橙黄色，光滑，边缘不光滑，有鳞片状绒毛，组织胶质状，子囊盘直径1~3mm，菌丝透明，宽2~4μm；子囊孢子（5~7.2）μm×（2.5~3.3）μm，椭球形，透明，光滑。

▪生　　境　　夏秋季群生于腐木上，群生。

▪价　　值　　食毒不明。

▪分　　布　　云南、西藏。

▪标 本 号　　AF3197

深红牛肝菌
Boletus flammans E.A. Dick & Snell

- **分类地位** 伞菌纲Agaricomycetes、牛肝菌目Boletales、牛肝菌科Boletaceae
- **别　　名** 血红绒牛肝菌
- **形态特征** 子实体中等至大型；菌盖直径8～15cm，扁球形或平展，幼时深红至褐红色、粉红色；菌管粉红色，凹生，伤变青蓝色；菌柄（7～12）cm×（1～2.5）cm，粗壮，有时弯曲，基部稍膨大，实心，表面同盖色，向下色浅，有红色细网纹或绒状点；菌肉浅黄色，伤处变青蓝色；担孢子浅褐黄色，光滑，近圆柱形至椭圆形，（9.5～14.5）μm×（3.8～4.8）μm。
- **生　　境** 夏秋季生于针叶林中地上，单生或散生。
- **价　　值** 可食用。
- **分　　布** 青海、新疆、西藏。
- **标 本 号** AF2954，AF2958

025　网柄牛肝菌

Boletus recapitulatus **D. Chakr., K. Das, Baghela, S.K. Singh & Dentinger**

- **分类地位**　伞菌纲Agaricomycetes、牛肝菌目Boletales、牛肝菌科Boletaceae
- **形态特征**　子实体小型至中等大；菌盖直径3～9cm，幼时呈凸形，成熟时平展，表面不光滑，有绒毛，有时中间有块状鳞片，红棕色，边缘呈规律的波浪状；菌管黄色，伤后变蓝色；菌柄（5～7.5）cm×（1.3～2.8）cm，粗壮，向下渐粗，表面红棕色，孔面与菌柄连接处有明显的红棕色网纹；菌肉厚，黄色；担孢子（10.4～12.3）μm×（4.0～5.5）μm，椭圆形至长椭圆形，光镜下光滑，高倍扫描电镜下有微小疣状，黄色。
- **生　　境**　夏秋季生于亚热带阔叶林中地上，群生或丛生。
- **价　　值**　食毒不明。
- **分　　布**　云南、西藏。
- **标 本 号**　AF3266，AF39055

高原刺孢多孔菌
Bondarzewia tibetica B.K. Cui, J. Song & Jia J. Chen

- **分类地位** 伞菌纲Agaricomycetes、红菇目Russulales、刺孢多孔菌科Bondarzewiaceae
- **形态特征** 子实体大型；菌盖平展，长可达16cm，宽25cm，厚2cm，表面新鲜时呈黄棕色，干燥时深橄榄色，光滑，有多层同心圆，边缘不平整；菌管白色，密；菌肉白色，厚度可达0.8cm；担孢子（5.8~7）μm×（5~6.5）μm，近球形，透明，厚，具明显的脊，淀粉质。
- **生　　境** 夏秋季多生长在倒木的树干上，叠生。
- **价　　值** 食毒不明。
- **分　　布** 中国青藏高原。
- **标 本 号** AF3191，AF3631

黑铅色灰球菌
Bovista nigrescens Pers.

- **分类地位** 伞菌纲Agaricomycetes、伞菌目Agaricales、马勃科Lycoperdaceae
- **形态特征** 子实体小型，直径可达5cm，球形、近球形或不规则球形，成熟时易从地表脱落；外包被新鲜时白色至奶油色，被微绒毛至光滑，成熟时灰白色至橄榄褐色，有时具不规则龟裂；新鲜时具特殊气味；产孢组织幼嫩时白色，柔软，成熟时黄褐色或橄榄褐色，呈粉状；担孢子（7~8）μm×（6.7~7.8）μm，近球形至球形，黄褐色，厚壁，具长刺，非淀粉质。
- **生　　境** 夏秋季生于草地或林地上，群生或单生。
- **价　　值** 可药用。
- **分　　布** 中国西北地区及西藏。
- **标 本 号** AF1702，AF2548

黑铅色灰球菌

黑灰球菌
Bovista plumbea Pers.

▪ **分类地位**　伞菌纲Agaricomycetes、伞菌目Agaricales、马勃科Lycoperdaceae

▪ **别　　名**　黑铅色灰球菌

▪ **形态特征**　子实体小型，直径1.5～3cm，近球形；外包被白色，薄，具小刺，成熟后全部成片脱落；内包被深灰色，薄，光滑，顶端不规则状开口；产孢组织幼嫩时白色，近肉质，成熟后褐色至灰褐色，呈粉末状；担孢子（5～7.5）μm×（4.5～6）μm，褐色，光滑，近球形至卵圆形。

▪ **生　　境**　夏秋季生于林中地上，单生或群生。

▪ **价　　值**　幼时可食，可药用。

▪ **分　　布**　河北、甘肃、青海、新疆、云南、西藏。

▪ **标 本 号**　AF1544，AF4400

油斑钙质波斯特孔菌
Calcipostia guttulata (Sacc.) B.K. Cui, L.L. Shen & Y.C. Dai

▪**分类地位**　伞菌纲Agaricomycetes、多孔菌目Polyporales、未定科Incertae sedis

▪**形态特征**　子实体中等大；菌盖扇形或贝壳状，外伸至6cm，表面白色，干燥时浅黄色或淡棕色，
有近同心圆状的浅黄色凸起；菌柄侧生，（2～5）cm×（0.5～1）cm；菌肉白色至奶油
色，硬纤维状；担孢子短圆柱形至长圆形，透明，薄壁，光滑。

▪**生　　境**　夏秋季多生长于针叶林腐木、枯木上，单生至叠生。

▪**价　　值**　食毒不明。

▪**分　　布**　中国温带地区。

▪**标　本　号**　AF1073

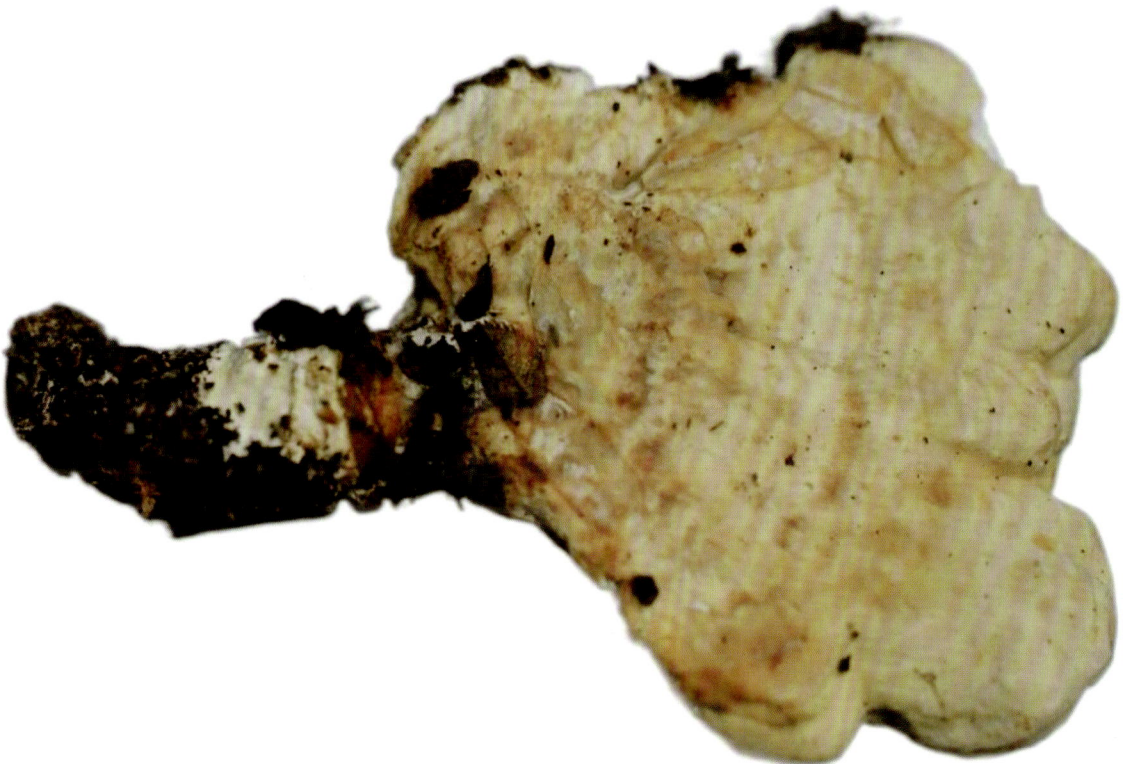

毡盖美牛肝菌
Caloboletus panniformis (Taneyama & Har. Takah.) Vizzini

- **分类地位**　伞菌纲Agaricomycetes、多孔菌目Polyporales、未定科Incertae sedis
- **形态特征**　子实体中等至大型；菌盖直径6～12cm，半球形至扁半球形，被褐色毡状至绒状鳞片；菌孔浅黄色，直生至延生，伤变蓝；菌柄（7～12）cm×（2～3）cm，向下渐粗，上部黄色，中下部红色，表面有时被网纹；菌肉黄色至淡黄色，伤变蓝；担孢子（11～16）μm×（4～6）μm，近梭形，光滑，淡黄色。
- **生　　境**　夏秋季生于针叶林或针阔混交林中地上，散生。
- **价　　值**　食毒不明。
- **分　　布**　西藏。
- **标 本 号**　AF1571，AF2066，AF3265

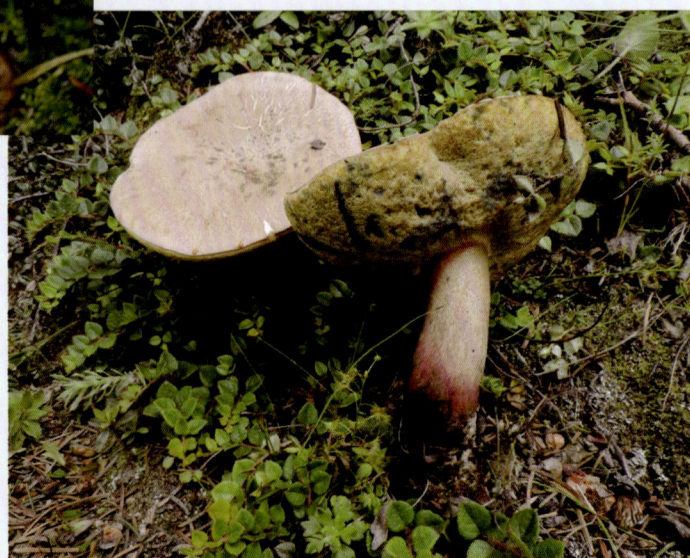

西藏胶角耳

Calocera tibetica **F. Wu, L.F. Fan & Y.C. Dai**

▪**分类地位**	花耳纲Dacrymycetes、花耳目Dacrymycetales、花耳科Dacrymycetaceae
▪**形态特征**	子实体小型，有柄，高可达2～3cm，直径0.2～1.8mm，新鲜时呈束状或分散，淡黄色至亮橙色，二分分枝，树突状或鹿角状，尖端钝；菌肉胶状；担孢子无色，（9～13）μm×（5～6）μm，椭圆形，光滑，薄壁，具尖，成熟时通常3～4隔。
▪**生　境**	夏秋季生于腐木上，簇生。
▪**价　值**	食毒不明。
▪**分　布**	西藏。
▪**标 本 号**	AF4142，AF4156

黏胶角耳
***Calocera viscosa* (Pers.) Bory**

- ▪分类地位 花耳纲Dacrymycetes、花耳目Dacrymycetales、花耳科Dacrymycetaceae
- ▪别　名 鹿角胶菌
- ▪形态特征 子实体高5～7cm，直径3～7mm，顶端分叉，上部鹿角形分枝，下部圆柱形，顶端较尖，金黄色，近基部近白色，黏，平滑，基部有时呈假根状，显白色；菌肉胶质；担孢子淡黄色，（8～12）μm×（3～5）μm，椭圆形，光滑。
- ▪生　境 夏秋季生于针叶林中地上，丛生或簇生。
- ▪价　值 食毒不明。
- ▪分　布 中国广泛分布。
- ▪标本号 AF1066，AF2637，AF2879，AF3081

黏胶角耳

粗皮丽口包
Calostoma oriruber **Massee**

▪分类地位	伞菌纲Agaricomycetes、牛肝菌目Boletales、丽口包科Calostomataceae
▪别　　名	红美口菌
▪形态特征	子实体小型，近球形或椭圆形，直径可达3cm，表皮被朱红色的粉粒，成熟后全部开裂成片并全部脱落；外包被2层，外层厚，胶质，透明；内层薄，非胶质，鲜红色；孢囊浅棕色，孔球形，粗结节状，直径14~17μm；担孢子淡黄色，（12~16）μm×（8~9.5）μm，长椭圆形，表面有明显小疣，壁厚。
▪生　　境	夏秋季生于路边、林中地上，丛生。
▪价　　值	食毒不明。
▪分　　布	西藏。
▪标　本　号	AF3285

大秃马勃
Calvatia gigantea (Batsch) Lloyd

- **分类地位** 伞菌纲Agaricomycetes、伞菌目Agaricales、马勃科Lycoperdaceae
- **形态特征** 子实体大型，直径15~36cm或更大，近球形至球形，无不孕基部或很小，由粗菌索与地面相连；包被白色，后变污白色，由膜状外包被和较厚的内包被组成，初期具绒毛，有小龟裂，中间微红色，渐变光滑，成熟后开裂，成块脱落；担孢子3.5~5.7μm，淡青黄色，光滑，有时具小疣，具小尖，球形。
- **生　　境** 夏秋季生于草地上，单生至群生。
- **价　　值** 幼时可食用，成熟后可药用。
- **分　　布** 中国广泛分布。
- **标 本 号** AF4498

白黄小脆柄菇

Candolleomyces candolleanus (Fr.) D. Wächt. & A. Melzer

- **分类地位** 伞菌纲Agaricomycetes、伞菌目Agaricales、小脆柄菇科Psathyrellaceae
- **别　　名** 薄垂幕菇、薄花边菇
- **形态特征** 子实体小型；菌盖直径2.5~7cm，初卵形，中间凸起，后钟形至平展，老时边缘辐射状开裂，淡黄褐色；菌肉白色，薄，脆；菌褶直生至离生，稍密，不等长，初浅褐色，后变为深紫褐色，褶缘白色；菌柄（4~8）cm×（0.2~0.7）cm，圆柱形，白色，中空，有平伏的丝状纤毛；菌肉白色，薄；担孢子暗褐色，椭圆形，光滑，（7~9）μm×（3.5~5）μm；具有囊状体。
- **生　　境** 夏秋季生于林中地上、田野、路旁等，单生至丛生。
- **价　　值** 食毒不明。
- **分　　布** 河北、江苏、福建、广西、新疆、云南、西藏。
- **标 本 号** AF1458，AF1468，AF1600，AF3039，AF3040，AF3041，AF3068，AF3143

樟鸡油菌
Cantharellus camphoratus R.H. Petersen

- **分类地位**　伞菌纲Agaricomycetes、鸡油菌目Cantharellales、齿菌科Hydnaceae
- **形态特征**　子实体小型至中等大；菌盖直径2~7.5cm，浅黄色至深黄色，漏斗状，表面被褐色鳞片，边缘内卷至不规则波状；子实层褶皱，交叉，边缘钝，有点弯曲，明显下延，淡黄色；菌柄（0.5~2.5）cm×（3~6.5）cm，向下渐细，实心，同盖色；菌肉白色至浅黄色，伤后红褐色；担孢子无色，（7.7~11.2）μm×（3.9~6.7）μm，椭圆形至长圆形。
- **生　　境**　夏秋季生于林中地上。
- **价　　值**　食毒不明。
- **分　　布**　西藏。
- **标　本　号**　AF3649，AF1540

多变蜡孔菌
Cerioporus varius (Pers.) Zmitr. & Kovalenko

▪ 分 类 地 位　伞菌纲Agaricomycetes、多孔菌目Polyporales、多孔菌科Polyporaceae
▪ 别　　　名　变形多孔菌
▪ 形 态 特 征　子实体中等至稍大；菌盖直径5～12cm，肾形或近扇形，稍平展且靠近基部下凹，浅褐黄色，表面近平滑，边缘薄，呈波状；菌柄侧生或偏生，（0.7～4）cm×（0.3～1）cm，黄褐色至黑色，有微细绒毛；菌孔浅粉灰色，圆形至多角形；菌肉白色或污白色，稍厚；担孢子无色，光滑，长椭圆形，（8.5～11）μm×（3.5～4）μm。
▪ 生　　　境　夏秋季生于阔叶树腐木上，散生。
▪ 价　　　值　可药用。
▪ 分　　　布　中国广泛分布。
▪ 标　本　号　AF1519，AF1549，AF4517

变形绿散胞盘菌
Chlorencoelia versiformis (Pers.) J.R. Dixon

▪**分类地位**　锤舌菌纲Leotiomycetes、柔膜菌目Helotiales、黑木耳科Cenangiaceae

▪**形态特征**　子实体小型，浅杯形至漏斗形，直径0.7～1.6cm，子实层表面与囊盘被光滑，有时有褶皱，橄榄绿色；菌柄中生，少数偏生，（2～5）mm×（0.5～1）mm，向下渐细；子囊（80～100）μm×（7～8）μm，内含8个子囊孢子，子囊孢子（9～13）μm×（3～3.5）μm，圆柱形至椭圆形，两端圆钝，直或稍弯曲，光滑，无色。

▪**生　　境**　夏秋季生于针阔混交林中腐木上，群生。

▪**价　　值**　食毒不明。

▪**分　　布**　中国东北、华中地区及西藏。

▪**标　本　号**　AF3350

假绒盖色钉菇
Chroogomphus pseudotomentosus O.K. Mill. & Aime

- **分类地位** 伞菌纲Agaricomycetes、牛肝菌目Boletales、铆钉菇科Gomphidiaceae
- **形态特征** 子实体中等大；菌盖直径4～7cm，平展，红褐色，中央色较深，被绒毛状至纤丝状鳞片，边缘有条纹；菌褶灰褐色，延生；菌柄（7～15）cm×（1～2）cm，圆柱形，淡黄色，被绒毛状，或被有小颗粒；菌环上位，不明显，易消失；菌肉淡黄色；担孢子（14.5～18）μm×（8～9.5）μm，椭圆形，光滑，淡褐色；具有囊状体。
- **生　　境** 秋季生于针叶林中地上，单生或散生。
- **价　　值** 可食用。
- **分　　布** 中国广泛分布。
- **标 本 号** AF1655，AF2681，AF3028，AF3662

淡粉色钉菇
Chroogomphus roseolus Yan C. Li & Zhu L. Yang

▪**分类地位**　　伞菌纲Agaricomycetes、牛肝菌目Boletales、铆钉菇科Gomphidiaceae

▪**形态特征**　　子实体小型；菌盖直径2～2.5cm，扁半球形，淡粉色，边缘色浅，被绒毛状至纤丝状鳞片；菌褶延生，稀疏，淡橘黄色；菌柄（3～6）cm×（0.3～0.6）cm，圆柱形，淡橘黄色，被淡粉红色鳞片，基部菌丝体淡粉红色；菌肉橘黄色至淡黄色；担孢子（15～19）μm×（6～7.5）μm，椭圆形至近梭形，光滑，淡褐色。

▪**生　　境**　　夏秋季生于针阔混交林中地上，散生。

▪**价　　值**　　可食用。

▪**分　　布**　　中国华中地区及西藏。

▪**标　本　号**　　AF4528，AF4530

 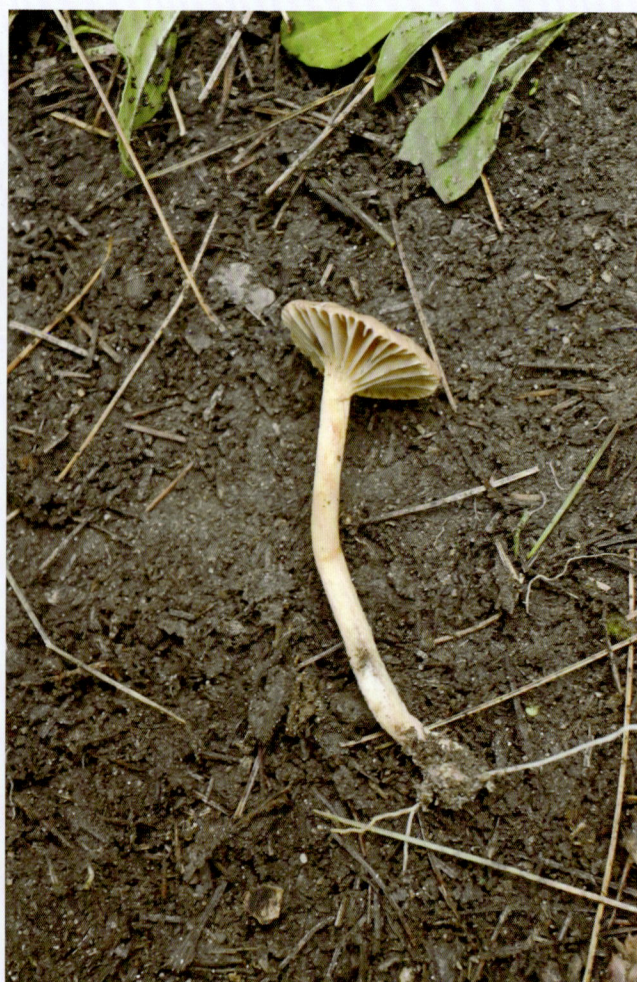

刺孢伞

Cibaomyces glutinis Zhu L. Yang, Y.J. Hao & J. Qin

▪ **分类地位** 伞菌纲Agaricomycetes、伞菌目Agaricales、泡头菌科Physalacriaceae

▪ **形态特征** 子实体小至中等大；菌盖直径3~4.5cm，平展，有黏性，灰褐色，表面粗糙，边缘有时掉色；菌褶直生至延生，有小菌褶，密，污白色，有时具有红色至棕色斑点，有横脉；菌柄（6~9.5）cm×（0.3~0.8）cm，近圆柱形，基部膨大，表面污白色，粗糙；菌肉白色；担孢子（10.5~14）μm×（9~11.5）μm，近球形至宽椭球形，薄壁，无色。

▪ **生　　境** 夏季生于阔叶林中腐木上，单生。

▪ **价　　值** 食毒不明。

▪ **分　　布** 中国云贵川及藏东南地区。

▪ **标 本 号** AF3511

延长棒瑚菌
Clavariadelphus elongatus **J. Khan, Sher & Khalid**

- **分类地位**　伞菌纲Agaricomycetes、钉菇目Gomphales、棒瑚菌科Clavariadelphaceae
- **形态特征**　子实体棒状，地上部分幼时呈浅粉色，成熟后带粉色，地下部分呈浅橙黄色，高15～25cm，直径0.8～1.2cm，向上渐细，幼时表面光滑，成熟时有褶皱，子实体最初直立，在成熟时或多或少弯曲；菌肉内部紧实，奶油色，伤褐变；担孢子（8.5～10）μm×（6.5～7.5）μm，正面卵球形，侧面椭球形，尖部突出，淀粉质，光滑。
- **生　　境**　夏秋季生于林中地上，单生或群生。
- **价　　值**　食毒不明。
- **分　　布**　西藏。
- **标 本 号**　AF3583

延长棒瑚菌

晶粒小鬼伞
Coprinellus micaceus (Bull.) Vilgalys, Hopple & Jacq. Johnson

- **分类地位** 伞菌纲Agaricomycetes、伞菌目Agaricales、小脆柄菇科Psathyrellaceae
- **别　　名** 晶粒鬼伞
- **形态特征** 子实体小型；菌盖直径2～4cm，斗笠状至平展，老时边缘上卷，有时开裂，黄褐色，表面有白色颗粒状晶体，中部红褐色，边缘有明显条纹；菌褶初期黄白色，后变黑色而与菌盖同时自溶为墨汁状，离生，密，窄，不等长；菌柄长2～11cm，粗0.3～0.5cm，圆柱形，白色，具丝光，较韧，中空；菌肉白色，薄；担孢子光滑，卵圆形至椭圆形，（7～10）μm×（5～5.5）μm，黑色；具有囊状体。
- **生　　境** 春至秋季丛生或群生于阔叶林中树干、树根周围，丛生。
- **价　　值** 有毒。
- **分　　布** 中国广泛分布。
- **标 本 号** AF1478，AF1485，AF3199

辐毛小鬼伞

Coprinellus radians (Desm.) Vilgalys, Hopple & Jacq. Johnson

- **分类地位** 伞菌纲Agaricomycetes、伞菌目Agaricales、小脆柄菇科Psathyrellaceae
- **别　　名** 辐毛鬼伞
- **形态特征** 子实体小型；菌盖直径2.5～4cm，初期卵圆形，后呈钟形至展开，表面黄褐色，中部色深且边缘色浅黄，具浅黄褐色粒状鳞片在顶部较密布，有辐射状长条棱；菌褶黑紫色，直生，密，窄，不等长；菌柄（2～5）cm×（0.4～0.7）cm，圆柱形基部稍有膨大，白色，表面被粉末；菌肉白色，薄；担孢子黑褐色，光滑，有芽孔，椭圆形，（6.5～8.5）μm×（3～5）μm。
- **生　　境** 春至秋季生于树桩及倒腐木上，单生或群生。
- **价　　值** 食毒不明。
- **分　　布** 中国东北、西北地区及西藏。
- **标 本 号** AF3178

辐毛小鬼伞

墨汁拟鬼伞

Coprinopsis atramentaria (Bull.) Redhead, Vilgalys & Moncalvo

- **分类地位** 伞菌纲Agaricomycetes、伞菌目Agaricales、小脆柄菇科Psathyrellaceae
- **别　　名** 墨汁鬼伞
- **形态特征** 子实体中等大；菌盖直径3.5~8.5cm，初期卵圆形，后渐展开呈钟形至圆锥形，老时边缘上卷，表面具黄褐色块状鳞片，中间连成一片，向边缘散开；菌褶弯生，密，不等长，灰褐色，开伞后液化成墨汁；菌柄长3.5~8.5cm，直径0.6~1.2cm，圆柱形，空心，基部稍膨大，表面白色至灰白色，有纤维状小鳞片；菌肉灰白色，薄；担孢子（7.5~10）μm×（5~6）μm，椭圆形至宽椭圆形，光滑，黑褐色，具芽孔。
- **生　　境** 春至秋季在林中地上，丛生。
- **价　　值** 有毒。
- **分　　布** 中国广泛分布。
- **标 本 号** AF1006，AF3093，AF3119，AF3655

046   毛头鬼伞
Coprinus comatus (O.F. Müll.) Pers.

- **分类地位**　伞菌纲Agaricomycetes、伞菌目Agaricales、伞菌科Agaricaceae
- **别　　名**　鸡腿蘑、毛鬼伞
- **形态特征**　子实体中等至大型；菌盖直径（3～5）cm×（9～11）cm，半球形或钟形，污白色，表面被褐色鳞片；菌褶黑色，离生，开伞后溶化成墨汁状液体；菌柄（7～25）cm×（1～2）cm，白色，向下渐粗，内部松软至空心；菌环连接于菌盖边缘，常随菌柄的伸长而移动；菌肉白色；担孢子黑色，光滑，椭圆形，（12.5～16）μm×（7.5～9）μm；具有囊状体。
- **生　　境**　夏秋季生于草地、林中空地、路旁或田野上，群生或单生。
- **价　　值**　幼时可食药用，老后有毒。
- **分　　布**　中国广泛分布。
- **标 本 号**　AF82，AF1257，AF1258，AF2489，AF3613

亮色丝膜菌
Cortinarius claricolor (Fr.) Fr.

▪ 分类地位　伞菌纲Agaricomycetes、伞菌目Agaricales、丝膜菌科Cortinariaceae

▪ 形态特征　子实体中等大；菌盖直径3～10cm，扁平至近平展，土黄色至浅橘红色，中部稍凸，边缘常有白色丝状菌膜，湿时黏；菌褶肉桂色，直生，密，不等长；菌柄（5～10）cm×（0.7～1）cm，表面浅黄褐色，丝膜多残存菌柄上部；菌肉浅黄色；担孢子锈褐色，光滑，椭圆形，（6.5～8）μm×（3.5～4.5）μm。

▪ 生　　境　夏秋季生于阔叶林或针阔混交林中地上，散生。

▪ 价　　值　可食用。

▪ 分　　布　中国广泛分布。

▪ 标 本 号　AF1062

氏族丝膜菌
Cortinarius gentilis (Fr.) Fr.

▪**分类地位**　伞菌纲Agaricomycetes、伞菌目Agaricales、丝膜菌科Cortinariaceae

▪**形态特征**　子实体小型；菌盖直径1～3cm，顶部有小尖，黄褐色，被满小鳞片，边缘内卷，有时开裂；菌褶黄褐色，稍密，直生至弯生，不等长；菌柄（3～10）cm×（0.3～0.8）cm，近圆柱形，稍弯曲，基部渐细，浅黄褐色至红褐色，内部松软至空心，表面有纤毛状鳞片，有纵向条纹；菌肉黄色；担孢子近椭圆形，（7.6～9）μm×（5.5～6.5）μm，锈褐色。

▪**生　　境**　夏秋季生于针叶林中地上，群生或散生。

▪**价　　值**　有毒。

▪**分　　布**　湖北、青海、甘肃、西藏。

▪**标　本　号**　AF3255

假野丝膜菌
Cortinarius pseudotorvus A. Naseer, J. Khan & A.N. Khalid

- **分类地位** 伞菌纲Agaricomycetes、伞菌目Agaricales、丝膜菌科Cortinariaceae
- **形态特征** 子实体小型；菌盖直径1.5～3cm，半球形至近球状，灰棕色，被棕色鳞片，边缘内卷，有条纹；菌褶直生，宽较厚，边缘均匀光滑，深棕色，不等长；菌柄（5～6）cm×（1～2）cm，基部膨大，实心，表面灰褐色，上半部颜色浅，被纤维鳞片，中部常被残余菌幕；菌肉棕色，厚；担孢子宽椭圆形至杏仁状，（9.9～11.6）μm×（6.7～7.7）μm，黄锈色。
- **生　　境** 夏秋季生于纯栎林和栎松混交林中，散生。
- **价　　值** 食毒不明。
- **分　　布** 西藏。
- **标 本 号** AF721，AF950

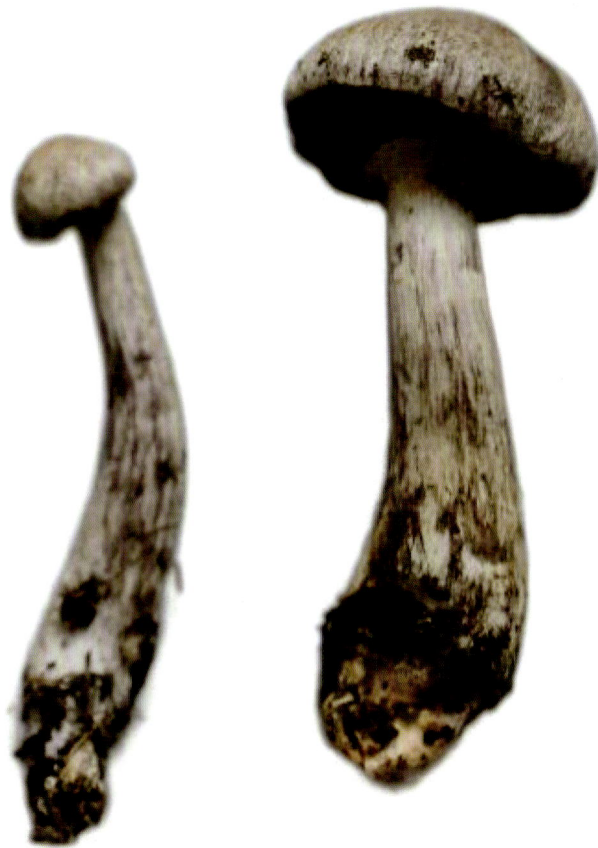

近血红丝膜菌

Cortinarius subsanguineus T.Z. Wei, M.L. Xie & Y.J. Yao

- **分类地位** 伞菌纲Agaricomycetes、伞菌目Agaricales、丝膜菌科Cortinariaceae
- **形态特征** 子实体中等大；菌盖直径2.5~6cm，半球形至平展状，表面暗橙红色至红色，具小鳞片，边缘近白至橙红色；菌褶贴生，可达5mm，幼时红色，成熟时铁锈红色，紧密，有小菌褶；菌柄（5~10）cm×（0.5~0.9）cm，圆柱形，基部稍膨大，表面浅红橙色，具铁锈红色的小鳞片；菌环上位，易脱落；菌肉可达4mm，淡红色到暗红色；担孢子红色至铁锈红色，（6.5~8）μm×（4.5~5.5）μm，椭圆形，黄棕色至棕色，表面有小疣。
- **生　　境** 夏秋季生于混交林中地上，散生。
- **价　　值** 食毒不明。
- **分　　布** 云南、西藏。
- **标 本 号** AF3403

常见丝膜菌
Cortinarius trivialis J.E. Lange

▪分类地位　　伞菌纲Agaricomycetes、伞菌目Agaricales、丝膜菌科Cortinariaceae

▪别　　名　　环带柄丝膜菌

▪形态特征　　子实体中等至较大；菌盖直径5~11cm，幼时呈扁半球形，后呈扁平至近平展，中部稍凸起，土褐色至近褐色，表面平滑有一层黏液，初期边缘内卷且无条纹，干燥或老后可开裂；菌褶浅黄褐色至锈褐色，直生至近弯生，稍密，不等长；菌柄细长，（8~16）cm×（0.6~2.5）cm，圆柱形，向下浅变细，幼时上部污白有浅色小鳞片，中部以下有明显的鳞片，实心，肉质至纤维质，丝膜生于菌柄上部，蛛网状，易消失；菌肉污白色，稍厚；担孢子（9~12）μm×（5.5~7.5）μm，锈黄色，表面粗糙，具疣，近椭圆形。

▪生　　境　　夏秋季生于阔叶林、针叶林和针阔混交林中地上，单生或群生。

▪价　　值　　食毒不明。

▪分　　布　　中国温带地区。

▪标 本 号　　AF911，AF2571，AF2573，AF2673

常见丝膜菌

平盖靴耳
Crepidotus applanatus (Pers.) P. Kumm.

- **分类地位**　伞菌纲Agaricomycetes、伞菌目Agaricales、锈耳科Crepidotaceae
- **别　　名**　平盖锈耳
- **形态特征**　子实体小型；菌盖直径1~5cm，半圆形至近扇形，扁平，白色，变至带褐色或浅土黄色，干时黄白色，表面湿润，光滑或有时粗糙，边缘有时波状；菌褶白色变至褐色，从基部放射状生出，密至较密，不等长；菌柄无；菌肉污白色，薄；担孢子褐色，有小刺疣，4~5.5μm；具有囊状体。
- **生　　境**　夏秋季生于阔叶树腐木上，群生或叠生。
- **价　　值**　食毒不明。
- **分　　布**　中国东北地区及西藏。
- **标 本 号**　AF3207，AF4198

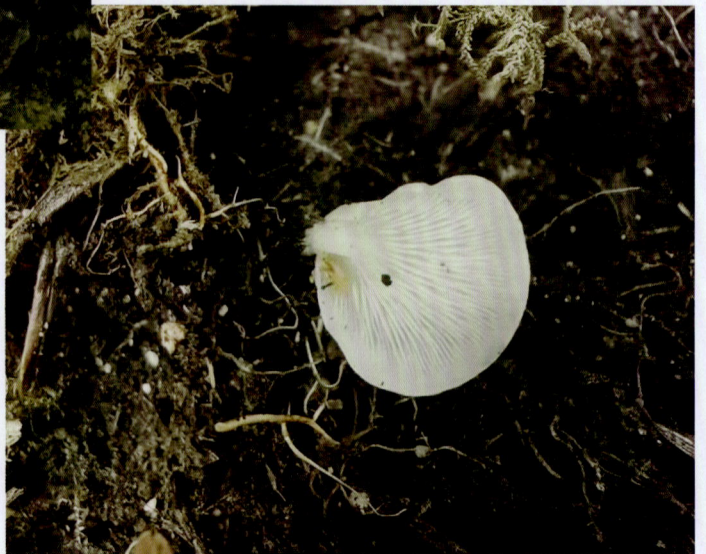

旋卷地锤菌
Cudonia circinans (Pers.) Fr.

- **分类地位** 锤舌菌纲Leotiomycetes、斑痣盘菌目Rhytismatales、地锤菌科Cudoniaceae
- **形态特征** 子囊盘高2~5.4cm，菌盖直径0.7~1.8cm，扁半球形或中下稍下凹，有时呈马鞍状，蜡质，边缘内卷或波状，污黄色，近似蜡质；菌肉同盖色，盖下面同盖色；菌柄长2.5~3.5cm，粗0.3~0.5cm，同盖色或下部稍深，平滑或有凹沟；子囊棒状，（110~140）μm×（8~10）μm；子囊孢子无色，有横隔，近钟形，（32~40）μm×2μm；侧丝绒形，顶端弯曲呈钩状。
- **生　　境** 夏秋季生于云杉林苔藓间，群生。
- **价　　值** 食毒不明。
- **分　　布** 吉林、陕西、四川、青海、西藏。
- **标 本 号** AF2893，AF2977

黄地锤菌
Cudonia lutea (Peck) Sacc.

- **分类地位**　锤舌菌纲Leotiomycetes、斑痣盘菌目Rhytismatales、地锤菌科Cudoniaceae
- **形态特征**　子实体小型，似蜡质，子囊盘直径0.5～2cm，呈扁半球形，污黄褐色或黄绿色，边缘内卷；菌柄长2～6cm，粗0.2～0.5cm，近圆柱形，或有扁压或浅凹窝，淡黄色，顶部往往粗、弯曲，有的基部稍膨大；子囊长棒状，（90～120）μm×（9～12）μm，含子囊孢子8个；子囊孢子无色，多行排列，线形，（48～68）μm×（2～2.5）μm；侧丝线形，顶部稍弯曲。
- **生　　境**　夏秋季生于针阔叶林中地上，群生或丛生。
- **价　　值**　食毒不明。
- **分　　布**　甘肃、青海、四川、陕西、云南、新疆、西藏。
- **标　本　号**　AF2977，AF3048，AF3231

深色环伞

Cyclocybe erebia (Fr.) Vizzini & Matheny

- **分类地位**　伞菌纲Agaricomycetes、伞菌目Agaricales、假脐菇科Tubariaceae
- **别　　名**　湿黏田头菇
- **形态特征**　子实体小型至中等大；菌盖直径1.5～5cm，初期半球形，后扁半球形，中间略凸，灰褐色至暗褐色，中间颜色更深，有不规则条纹，表面湿黏；菌褶污白至锈褐色，直生至稍有延生，较密；菌柄（3～6）cm×（0.3～1）cm，圆柱形，上部白色，向下渐褐色，被细小白色鳞片；菌环污白色，上位，膜质；菌肉污白或带浅褐色，稍厚；担孢子褐色，光滑，长椭圆形，（10.5～15）μm×（6～7）μm。
- **生　　境**　春至秋季生于阔叶林中地上，簇生或群生。
- **价　　值**　食毒不明。
- **分　　布**　辽宁、河北、陕西、新疆、西藏。
- **标 本 号**　AF3489

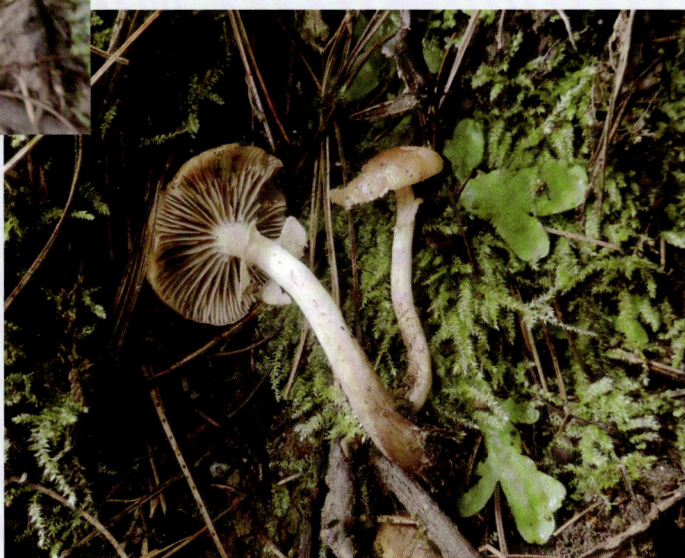

无斑囊皮伞
Cystoderma amianthinum (Scop.) Fayod

▪ **分类地位**　伞菌纲Agaricomycetes、伞菌目Agaricales、未定科Incertae sedis

▪ **别　　名**　皱密环菌

▪ **形态特征**　子实体小型；菌盖直径2～5cm，扁半球形至近平展，边缘上翘，黄褐色，中部色深，密被颗粒状鳞片和放射皱纹，有时边缘有菌幕残片；菌褶白色带淡黄色，近直生，密，不等长；菌柄（2～6）cm×（0.2～0.6）cm，细长，圆柱形，菌环以上白色或带黄色，近光滑，菌环以下同菌盖色，具小疣，内部松软，基部稍膨大；菌环位于菌柄上部，膜质，易脱落；菌肉白色或带黄色；担孢子无色或带淡黄色，光滑，椭圆至卵圆形，（6.2～8.3）μm×（3.5～4.1）μm。

▪ **生　　境**　夏秋季生于林中地上，单生、散生或丛生。

▪ **价　　值**　可食用。

▪ **分　　布**　黑龙江、吉林、辽宁、河南、山西、甘肃、云南、西藏。

▪ **标 本 号**　AF3661

匙盖假花耳

Dacryopinax spathularia (Schwein.) G.W. Martin

▪分类地位	花耳纲Dacrymycetes、花耳目Dacrymycetales、花耳科Dacrymycetaceae
▪别　　名	桂花耳
▪形态特征	子实体小型，上端扁平，扇状，高0.8～2.5cm，表面具细绒毛，橙红色至橙黄色；有柄，直径4～6mm，栗褐色至黑褐色，基部延伸入离木裂缝中；担子2分叉，2孢，担孢子（8～15）μm×（3.5～5）μm，椭圆形至肾形，无色，光滑，初期无横隔，后期形成1～2横隔。
▪生　　境	春至晚秋生于杉木等针叶树倒腐木或木桩上，群生或丛生。
▪价　　值	可食用。
▪分　　布	中国广泛分布。
▪标 本 号	AF3978，AF4548

迪氏迷孔菌
Daedalea dickinsii Yasuda

- **分类地位** 伞菌纲Agaricomycetes、多孔菌目Polyporales、拟层孔菌科Fomitopsidaceae
- **别　　名** 肉色迷孔菌
- **形态特征** 子实体中等至大型；菌盖半圆形、扁平或马蹄形，（5~15）cm×（6~27）cm，厚1~2cm，基部厚达3cm，表面有不明显的辐射状皱纹和环纹，细绒毛，渐变光滑，初浅肉色，后变为棕灰色至深棕灰色；菌管同菌肉色，长3~20mm，管口土黄色，形状不整齐，边缘多为圆形，每毫米1~2个向边缘渐呈长方形至迷路状；担孢子无色，光滑，近球形，4μm×5μm。
- **生　　境** 春季至秋季生于栎树无皮倒木上，覆瓦状叠生。
- **价　　值** 可药用。
- **分　　布** 中国广泛分布。
- **标 本 号** AF1678，AF3094

粗糙拟迷孔菌
Daedaleopsis confragosa (Bolton) J. Schröt.

- **分类地位** 伞菌纲Agaricomycetes、多孔菌目Polyporales、多孔菌科Polyporaceae
- **形态特征** 子实体中等至较大；菌盖直径7~22cm，宽4~10cm，厚1.5~5cm，半圆形或扇形，边缘薄，污白色或黄褐色具有红褐色同心环纹，有不规则凸起；菌孔近黄褐色，菌管5~15mm；菌肉白色至带粉色，或浅褐色，木质；担孢子无色，柱状，（8~11）μm×（2~3）μm。
- **生　境** 夏秋季生于柳树的活立木和倒木上，叠生。
- **价　值** 食毒不明。
- **分　布** 中国广泛分布。
- **标 本 号** AF973，AF1054，AF1146，AF1636，AF1799，AF3611

粗糙拟迷孔菌

黑轮层炭壳

Daldinia concentrica (Bolton) Ces. & De Not.

- **分类地位** 粪壳菌纲Sordariomycetes、炭角菌目Xylariales、炭角菌科Hypoxylaceae
- **形态特征** 子实体较小，半球形或近球形，直径1.5~5cm，高1~3.5cm，表面初期土褐色或紫褐色，后变褐黑至黑色，内部暗褐色，纤维状，有明显的同心环带；无柄或近无柄；子囊壳近棒状，子囊圆筒形，有8个子囊孢子，单行排列，不等边椭圆形或肾脏形，子囊孢子（11~16）μm×（6~9）μm。
- **生　境** 春至秋季生于阔叶树腐木或树皮上，单生或群生。
- **价　值** 食毒不明。
- **分　布** 中国广泛分布。
- **标 本 号** AF38，AF148，AF2593，AF2676

粪生黄囊菇
Deconica merdaria (Fr.) Noordel.

- **分类地位**　伞菌纲Agaricomycetes、伞菌目Agaricales、球盖菇科Strophariaceae
- **形态特征**　子实体小型；菌盖直径2～5cm，初期半球形，后期近钟形，表面浅黄褐色至肉桂色，光滑，湿时水浸状，边缘有细条纹，有残存的菌幕；菌褶初期白色，后紫褐色，近直生，稍宽，不等长；菌肉白色至浅黄褐色，薄；菌柄细长，（3～8）cm×（0.2～0.6）cm，近圆柱形，向下渐粗，上部白色，下部黄褐色，被白色絮状鳞片，空心；菌环膜质，薄，易消失；担孢子褐色，光滑，宽椭圆形、近纺锤形，（10～13）μm×（6.5～9）μm；具有囊状体。
- **生　　境**　夏秋季生于粪上或肥土上，单生或群生。
- **价　　值**　有毒。
- **分　　布**　新疆、海南、西藏。
- **标 本 号**　AF3102

栗红粉褶蕈
Entoloma conferendum (Britzelm.) Noordel.

- **分类地位**　伞菌纲Agaricomycetes、伞菌目Agaricales、粉褶蕈科Entolomataceae
- **形态特征**　子实体小型；菌盖直径2～5cm，幼时圆锥形至半球形，成熟后锥状钟形，略平展，中部具不明显乳突或无，有透明条纹直达菌盖中部，灰褐色，中部略深，光滑；菌褶直生，密，初白色，后带粉色；菌柄（3～7）cm×（0.3～0.5）cm，圆柱形，由上向下渐粗，与菌盖同色或稍浅，浅褐色，具白色粉末、纵条纹和丝状光泽，初实心后渐变空心，基部具白色菌丝体；菌肉灰白色，薄；担孢子（8.5～11.5）μm×（7.5～11）μm，近方形至星形，厚壁，淡粉红色。
- **生　　境**　夏秋季生于阔叶林中倒木或地上，群生。
- **价　　值**　食毒不明。
- **分　　布**　中国东北、西北地区及西藏。
- **标 本 号**　AF4147，AF4158，AF4421

维拉粉褶菌

Entoloma verae O.V. Morozova, Noordel., Reschke, F. Salzmann & Dima

▪**分类地位**　伞菌纲Agaricomycetes、伞菌目Agaricales、粉褶蕈科Entolomataceae

▪**形态特征**　子实体中等大，菌盖直径1.5～4cm，半球形至平展，中心略凹陷，边缘波状，被有明显条纹，橄榄黄或黄绿色，条纹和中心颜色较深，被棕色鳞片覆盖，有时有白色绒毛，特别是在中心；菌褶贴生，边缘短齿状，粉红色，不等长；菌柄（2～7）cm×（0.1～0.3）cm，圆柱形，光滑，黄绿色，伤后变亮蓝绿色，基部蓝绿色，基部附有白色绒毛；菌肉白色；担孢子（10～15.5）μm×（7～9）μm，粉红色。

▪**生　　境**　夏秋季生于林中地上，单生或群生。

▪**价　　值**　食毒不明。

▪**分　　布**　西藏。

▪**标 本 号**　AF3656

无隔毛杯菌

Erioscyphella aseptata **Ekanayaka & K.D. Hyde**

▪ **分类地位**　锤舌菌纲Leotiomycetes、柔膜菌目Helotiales、毛盘菌科Lachnaceae

▪ **形态特征**　子实体小型，杯状，托平或稍凹，鲜时亮黄色，浅黄色，边缘白色，边缘和侧面有绒毛；无梗或短柄；子囊（70~100）μm×（6.1~10.5）μm，圆柱形，子囊孢子（28.5~45.6）μm×（1.8~3.5）μm，纺锤形，薄壁，光滑，淀粉质。

▪ **生　　境**　夏秋季生于林中腐木上，单生或群生。

▪ **价　　值**　食毒不明。

▪ **分　　布**　西藏。

▪ **标 本 号**　AF3447

亚东黑耳

Exidia yadongensis F. Wu, Qi Zhao, Zhu L. Yang & Y.C. Dai

▪**分类地位**　伞菌纲Agaricomycetes、木耳目Auriculariales、木耳科Auriculariaceae

▪**形态特征**　子实体小型，新鲜时胶状，红棕色至褐色，杯状至盘状，可达3cm，厚度可达1mm，大部分是完整的边缘，偶尔有轻微的波浪边缘，表面通常有疏生的脊状，干燥时变成深灰色至黑色，内膜表面通常光滑，偶有褶皱，稍有光泽，底部表面通常有明显的褶皱；担孢子（12～16）μm×（3～4）μm，囊状，透明，薄壁，光滑。

▪**生　　境**　夏季生于立木或腐木上，通常单生，偶有丛生。

▪**价　　值**　食毒不明。

▪**分　　布**　中国东北地区及西藏。

▪**标 本 号**　AF998，AF1046，AF1059，AF2955

066 漏斗大孔菌

***Favolus arcularius* (Batsch) Fr.**

- ▪ 分类地位　伞菌纲Agaricomycetes、多孔菌目Polyporales、多孔菌科Polyporaceae
- ▪ 形态特征　子实体小型至中等大；菌盖直径1.5 ~ 8.5cm，扁平，中部脐状，后期边缘平展或翘起，似漏斗状，黄褐色至深褐色，有深色鳞片，中间颜色深，无环带，干后变硬且边缘内卷，湿润时吸收水分恢复原状；菌柄（2 ~ 8）mm×（1 ~ 5）mm，圆柱形，中生，同盖色往往有深色鳞片，基部有污白色粗绒毛；菌肉白色或污白色，薄，新鲜时韧肉质，柔软；担孢子无色，光滑，长椭圆形，（6.5 ~ 9）μm×（2 ~ 3）μm。
- ▪ 生　　境　夏季生于林地腐木上，群生。
- ▪ 价　　值　食毒不明。
- ▪ 分　　布　中国广泛分布。
- ▪ 标 本 号　AF2103，AF2552

西藏吉隆沟地区大型真菌图鉴

金针菇
Flammulina velutipes (Curtis) Singer

- **分类地位** 伞菌纲Agaricomycetes、伞菌目Agaricales、泡头菌科Physalacriaceae
- **别　　名** 冬菇、冻菌
- **形态特征** 子实体小型至中等大；菌盖直径1.5～7cm，幼时扁半球形，后渐平展，黄褐色或淡黄褐色，中部肉桂色，边缘乳黄色并有细条纹，湿润时黏滑；菌褶白色至乳白色，弯生，稍密，不等长；菌柄长3cm，具黄褐色或深褐色短绒毛，纤维质，内部松软，基部似假根紧靠在一起；菌肉白色，较薄；担孢子（6.5～7.8）μm×（3.5～4）μm，无色或淡黄色，光滑，长椭圆形。
- **生　　境** 早春至初冬季生于阔叶林腐木桩上或根部，丛生。
- **价　　值** 可食用。
- **分　　布** 中国广泛分布。
- **标 本 号** AF4210，AF4298，AF5726

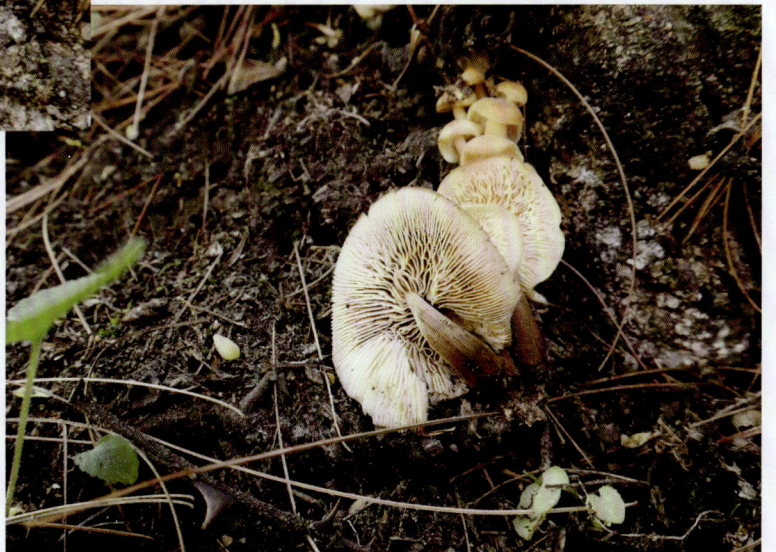

卷毛菇

Floccularia luteovirens (Alb. & Schwein.) Pouzar

- ▪ 分类地位　　伞菌纲Agaricomycetes、伞菌目Agaricales、未定科Incertae sedis
- ▪ 别　　名　　黄绿蜜环菌
- ▪ 形态特征　　子实体中等大；菌盖直径5～9cm，扁半球形至平展，硫黄色，干后近白色，具纤毛状鳞片，边缘内卷；菌褶近似菌盖色，稍密，弯生，不等长；菌柄（3.5～10）cm×（1.2～2.5）cm，圆柱形，白色或带黄色，内实，菌环以下具黄色鳞片，基部往往膨大；菌环着生于柄的上部，黄色；菌肉白色，肉质，厚；担孢子光滑，椭圆形，无色，（6～7.2）μm×（4～4.5）μm。
- ▪ 生　　境　　夏秋季生于草原或高山草地上，丛生。
- ▪ 价　　值　　可食用。
- ▪ 分　　布　　河北、陕西、甘肃、四川、青海、西藏。
- ▪ 标 本 号　　AF295，AF313，AF397，AF398，AF399，AF439

横断山拟层孔菌

Fomitopsis hengduanensis B.K. Cui & Shun Liu

- **分类地位** 伞菌纲Agaricomycetes、多孔菌目Polyporales、拟层孔菌科Fomitopsidaceae
- **形态特征** 子实体中等大，可达7.5cm，宽9cm，基部厚3cm，表面具毛状，扁平，半圆形至有蹄形，干燥后重量轻，表皮漆质，颜色多样，新鲜时基部浅深灰色至红褐色，边缘乳白色至肉红色，同心带状，边缘锐尖到钝；菌孔圆形至棱角状，乳白色，宽可达4mm；菌肉厚，奶油至草黄色，木质坚硬；担孢子（5.2～6）μm×（3.2～3.6）μm，长圆状、宽椭球状至椭球状，无色。
- **生　　境** 夏秋季生于高海拔地区，一年生到多年生，单生。
- **价　　值** 食毒不明。
- **分　　布** 云南、西藏。
- **标 本 号** AF3563

松生拟层孔菌

***Fomitopsis pinicola* (Sw.) P. Karst.**

- **▪分类地位**　伞菌纲Agaricomycetes、多孔菌目Polyporales、拟层孔菌科Fomitopsidaceae
- **▪别　　名**　红缘拟层孔菌
- **▪形态特征**　子实体大型，马蹄形、半球形，甚至有的平伏而反卷；菌盖直径2～5cm，初期有红色、红黄色胶状皮壳，后期变为灰色至黑色，有宽的棱带，边缘钝；菌孔面白色至乳白色，圆形，每毫米3～5个；菌肉近白色至木材色，木栓质，有环纹；担孢子无色，（5～7.5）μm×（3～4.5）μm，光滑，卵形或椭圆形。
- **▪生　　境**　夏秋季生于林中倒木、腐木上，多年生，单生至群生。
- **▪价　　值**　食毒不明。
- **▪分　　布**　中国广泛分布。
- **▪标 本 号**　AF29，AF2596，AF2732，AF3034，AF3128，AF3153，AF3563

树舌灵芝

Ganoderma applanatum (Pers.) Pat.

- **分类地位** 伞菌纲Agaricomycetes、多孔菌目Polyporales、多孔菌科Polyporaceae
- **形态特征** 子实体大型；菌盖直径（5~35）cm×（10~50）cm，厚1~12cm，半圆形、扁半球形或扁平，基部常下延，表面灰色，渐变褐色，有同心环纹棱，有时有瘤，皮壳胶角质，边缘较薄；菌孔白色，密，圆形；菌肉浅栗色，有时近皮壳处暗褐色；无柄或几乎无柄；担孢子褐色、黄褐色，（7.5~10）μm×（4.5~6.5）μm，卵圆形，顶端平截，无色，表面粗糙。
- **生　　境** 夏秋季生于阔叶林的枯立木、倒木和伐桩上，多年生，叠生。
- **价　　值** 可药用。
- **分　　布** 中国广泛分布。
- **标 本 号** AF1358，AF1995

白肉灵芝
***Ganoderma leucocontextum* T.H. Li, W.Q. Deng, Sheng H. Wu, Dong M. Wang & H.P. Hu**

▪ **分类地位**　伞菌纲Agaricomycetes、多孔菌目Polyporales、多孔菌科Polyporaceae

▪ **形态特征**　子实体大型；菌盖扇形，外伸可达10cm，宽可达20cm，基部厚可达3cm，表面具漆样光泽，成熟时暗红褐色、暗紫红褐色，具同心环纹，边缘白色至浅黄色，渐变黄色至红褐色；孔口表面新鲜时白色至奶油色，伤处淡褐色至褐色，近圆形，每毫米4~6个；菌柄侧生至偏生，圆柱形至略扁，有时近无柄，表面暗红褐色至暗紫褐色，具光泽；菌肉白色，干后奶油色，软木栓质至木栓质；担孢子（9~10.7）μm×（5.8~7）μm，椭圆形，顶端平截，浅褐色，双层壁，内壁具小刺，非淀粉质。

▪ **生　　境**　夏秋季生于腐木上，散生至群生。

▪ **价　　值**　可药用。

▪ **分　　布**　中国华中及青藏地区。

▪ **标 本 号**　AF2134

篱边黏褶菌

Gloeophyllum sepiarium (Wulfen) P. Karst.

- **分类地位** 伞菌纲Agaricomycetes、多孔菌目Polyporales、多孔菌科Polyporaceae
- **形态特征** 子实体中等至大型；菌盖直径2～12cm，厚0.3～1cm，半球形至扇形，平伏而反卷，表面深褐色，有粗绒毛及宽环带，边缘薄而锐，波浪状；菌肉韧，木栓质；担孢子无色，光滑，圆柱形，（7.5～10）μm×（3～4.5）μm。
- **生　　境** 夏秋季生于云杉、落叶松的倒木上，群生。
- **价　　值** 食毒不明。
- **分　　布** 中国广泛分布。
- **标 本 号** AF499，AF500，AF533，AF796，AF830，AF1041，AF1595，AF3074，AF3098，AF3174

钉菇

Gomphus clavatus (Pers.) Gray

- **分类地位** 伞菌纲Agaricomycetes、钉菇目Gomphales、钉菇科Gomphaceae
- **别　　名** 陀螺菌
- **形态特征** 子实体中等至较大；菌盖直径7～15cm，平展后中部下凹呈漏斗形或喇叭状，表面深蛋壳色至带紫褐色，光滑或具小鳞片，边缘薄呈花瓣状；菌褶紫褐色，延生，厚，窄，皱褶，交织成网；菌柄较短，（1～4）cm×（1～3）cm，基部有白色绒毛；菌肉白色；担孢子浅黄色，表面粗糙，椭圆形，（13.9～15.3）μm×（5.2～6.3）μm。
- **生　　境** 夏秋季生于云杉、冷杉等针叶林地上，丛生、群生或单生。
- **价　　值** 可食用。
- **分　　布** 甘肃、云南、贵州、四川、西藏。
- **标 本 号** AF1198，AF1199，AF1295，AF2195，AF2237

075 桂花耳

Guepinia helvelloides (DC.) Fr.

- **分类地位** 伞菌纲Agaricomycetes、木耳目Auriculariales、未定科Incertae sedis
- **别　　名** 胶勺、焰耳
- **形态特征** 子实体中等大，匙形或近漏斗形，高3.2～8.5cm，宽2～6.4cm，胶质，柄部半开裂呈管状，浅土红色至红褐色，内侧表面被白色粉末；子实层表面近平滑，或有褶皱或近似网纹状，盖缘卷曲，后期呈波状；担孢子（8.5～12.2）μm×（3.7～7.3）μm，椭圆形，光滑，无色，具小尖。
- **生　　境** 夏秋季生于针叶林或针阔混交林中地上，单生或群生，有时近丛生。
- **价　　值** 食毒不明。
- **分　　布** 中国广泛分布。
- **标 本 号** AF4312

赭黄裸伞
Gymnopilus penetrans (Fr.) Murrill

- **分类地位**　伞菌纲Agaricomycetes、伞菌目Agaricales、腹菌科Hymenogastraceae
- **形态特征**　子实体小型至中等大；菌盖直径3～7cm，半球形至平展，黄褐色或赭黄色，表面平滑至粗糙有鳞片；菌褶黄色，有深色斑点，直生，不等长；菌柄（3～7）cm×（0.3～0.6）cm，有纵条纹及小鳞片，松软至变空心；菌肉黄色；担孢子粗糙，有疣，椭圆至宽卵圆形，（7～8.9）μm×（4～5）μm；有褶缘囊体。
- **生　　境**　夏秋季生于针叶树腐木上，单生或丛生。
- **价　　值**　有毒。
- **分　　布**　浙江、广东、西藏。
- **标 本 号**　AF851，AF1625，AF1654，AF2690，AF2874，AF3575，AF3582，AF3587

栎裸柄伞

Gymnopus dryophilus (Bull.) Murrill

- **分类地位** 伞菌纲Agaricomycetes、伞菌目Agaricales、类脐菇科Omphalotaceae
- **别　　名** 干褶金钱菌、栎金钱菌、嗜栎金钱菌
- **形态特征** 子实体小型；菌盖呈乳黄色，直径2.5～6cm，表面光滑，有时边缘波状；菌褶窄而密；菌柄（4～8）cm×（0.3～0.5）cm，细长，浅黄色，靠基部黄褐色至红褐色；菌肉白色，薄；担孢子光滑，椭圆形，（5～7）μm×（3～3.5）μm。
- **生　　境** 夏秋季生于阔叶林或针叶林中地上，丛生或群生。
- **价　　值** 可食用。
- **分　　布** 中国广泛分布。
- **标 本 号** AF625，AF627，AF631，AF750，AF858，AF926，AF2585，AF3103，AF3478

钩基鹿花菌
Gyromitra infula (Schaeff.) Quél.

- **分类地位**　盘菌纲Pezizomycetes、盘菌目Pezizales、平盘菌科Discinaceae
- **别　　名**　赭鹿花菌
- **形态特征**　子实体中等大；菌盖直径5~8cm，呈马鞍状，红褐色，表面往往多皱；菌柄（3~8）cm×（1~2）cm，稍带粉红色，表面粗糙并有凹窝；子囊圆柱形，子囊孢子单行排列或上部双行；子囊孢子近无色，壁厚，含2个油滴，椭圆形，（16~20）μm×（8~10）μm；侧丝浅褐色，顶端膨大，具分隔及少数分枝，粗9~10μm。
- **生　　境**　夏秋季生于云杉、冷杉或松林地上或腐木上，单生或群生。
- **价　　值**　有毒。
- **分　　布**　黑龙江、吉林、山西、甘肃、新疆、四川、青海、西藏。
- **标　本　号**　AF3478

毛柄黏滑菇
Hebeloma leucosarx P.D. Orton

- **分类地位** 伞菌纲Agaricomycetes、伞菌目Agaricales、腹菌科Hymenogastraceae
- **形态特征** 子实体小型；菌盖直径2~6cm，中凸，后平展，边缘具波状浅裂，略带粉红色的浅黄色或黄褐色，通常有较浅的边缘和深色的中心，湿润时黏，干燥时光滑，带有白色丝状光泽；菌褶贴生，灰白色至浅黄色，密，幼时边缘有明显白色絮体；菌柄2.5~9cm，圆柱形，白色至浅赭色，表面被有白色小鳞片，实心至中空；菌肉白色；有萝卜味道；担孢子柠檬状，9~12μm，锈色。
- **生　　境** 夏秋季生于阔叶林中地上，群生。
- **价　　值** 食毒不明。
- **分　　布** 山西、西藏。
- **标 本 号** AF1060，AF1060

弹性马鞍菌
Helvella elastica Bull.

▪**分类地位**　盘菌纲Pezizomycetes、盘菌目Pezizales、马鞍菌科Helvellaceae

▪**别　　名**　马鞍菌

▪**形态特征**　子实体小型；菌盖直径2～4cm，马鞍形，蛋壳色至褐色，表面平滑或蜷曲，边缘与柄分离；菌柄（4～9）cm×（0.6～0.8）cm，圆柱形，蛋壳色至灰色；子囊（200～280）μm×（14～21）μm，子囊孢子8枚，单行排列；子囊孢子无色，含一大油滴，光滑，有的粗糙，椭圆形，（17～22）μm×（10～14）μm；侧丝上端膨大，粗6.3～10μm。

▪**生　　境**　夏秋季生于林中地上，往往群生。

▪**价　　值**　谨慎食用。

▪**分　　布**　中国广泛分布。

▪**标 本 号**　AF4572

林芝异担子菌

Heterobasidion linzhiense Y.C. Dai & Korhonen

- **分类地位** 伞菌纲Agaricomycetes、红菇目Russulales、刺孢多孔菌科Bondarzewiaceae
- **形态特征** 子实体中等大；菌盖呈半圆形或扇形，外伸可达3cm，宽可达5cm，厚可达8mm，新鲜时表面奶油色至褐色，无同心环纹，边缘锐，颜色浅，干后波状；菌孔口表面新鲜时奶油色，干后浅黄色，多角形；菌肉干后奶油色，厚可达3mm，新鲜时革质，干后硬革质或木栓质；担孢子（6~8）μm×（4~6）μm，宽椭圆形至近球形，无色，厚壁，表面具细微疣刺，非淀粉质。
- **生　　境** 夏秋季生于针叶树的死树、倒木和树桩上，覆瓦状叠生。
- **价　　值** 食毒不明。
- **分　　布** 中国青藏高原地区。
- **标 本 号** AF3433，AF3571，AF3718

卷缘齿菌
Hydnum repandum L.

- **分类地位**　伞菌纲Agaricomycetes、鸡油菌目Cantharellales、齿菌科Hydnaceae
- **别　　名**　美味齿菌
- **形态特征**　子实体中等大；菌盖直径3.5～13cm，扁半球形至近扁平，有时不规则圆形，表面有微细绒毛，后光滑，初期边缘内卷，后期上翘或有时开裂，米黄色；菌柄（2～12）cm×（0.5～2）cm，白色，上部被白色小鳞片，实心；担孢子无色，光滑，球形至近球形，（7～9）μm×（6.5～8）μm。
- **生　　境**　夏秋季生于混交林中地上，散生或群生。
- **价　　值**　食药用。
- **分　　布**　中国广泛分布。
- **标 本 号**　AF3607，AF3607，AF3641

卷缘齿菌

球盖齿菌
Hydnum sphaericum **T. Cao & H. S. Yuan**

- **分类地位**　伞菌纲Agaricomycetes、鸡油菌目Cantharellales、齿菌科Hydnaceae
- **形态特征**　子实体小型；菌盖直径2~3.5cm，幼时近球形，随着菌龄的增长变得不规则圆形，菌盖表面干燥，近光滑，湿润时橘黄色，干燥时淡灰橙色至棕黄色，边缘波状；有刺下延，密，均匀分布，长0.5~3mm，表面新鲜时呈白色，干燥时呈棕黄色，干燥时易碎；菌柄中生或偏生，长18~25mm，宽5~8mm，近圆柱形，实心，表面有小颗粒，污白色；菌肉1~3mm厚，白色至黄白色，新鲜时肉质革质，干后易碎；担孢子（8~8.8）μm×（6.5~7.5）μm，宽椭球形，光滑，薄壁，透明，无色。
- **生　　境**　夏秋季生于潮湿苔藓地上，单生到簇生。
- **价　　值**　食毒不明。
- **分　　布**　湖南、西藏。
- **标 本 号**　AF3607

变黑湿伞
Hygrocybe conica (Schaeff.) P. Kumm.

- **分类地位** 伞菌纲Agaricomycetes、伞菌目Agaricales、蜡伞科Hygrophoraceae
- **别　　名** 锥形蜡伞
- **形态特征** 子实体小型；菌盖直径2~6cm，初期圆锥形，后呈斗笠形，橙红色，老后中间变黑色，从顶部向四面分散出许多深色条纹，边缘常开裂；菌褶浅黄色，稀疏；菌柄（4~12）cm×（0.5~1.2）cm，表面带橙色并有纵条纹，空心；菌肉浅黄色，受伤处易变黑色；担孢子黄色，光滑，椭圆形，（10~12）μm×（7.5~8.7）μm。
- **生　　境** 夏秋季生于针叶或阔叶林中地上，群生或散生。
- **价　　值** 有毒。
- **分　　布** 中国广泛分布。
- **标 本 号** AF565，AF2023，AF3675

朱红湿伞
Hygrocybe miniata (Fr.) P. Kumm.

▪ **分类地位**　伞菌纲Agaricomycetes、伞菌目Agaricales、蜡伞科Hygrophoraceae

▪ **别　　名**　朱红蜡伞、小红蜡伞

▪ **形态特征**　子实体小型；菌盖直径2～4cm，扁半球形，中部脐状，表面干，有微鳞片或近光滑，黄色；菌褶黄色，不等长，边缘不完整；菌柄圆柱形，（1.5～5）cm×（0.2～0.4）cm，内实至中空，光滑，橘黄色；菌肉薄，黄色；担孢子无色，光滑至近光滑，椭圆形，（7～8）μm×（4.5～6）μm。

▪ **生　　境**　夏秋季生于林中地上，群生。

▪ **价　　值**　可食用。

▪ **分　　布**　吉林、江苏、安徽、广西、广东、湖南、台湾、西藏。

▪ **标　本　号**　AF2129，AF2221，AF3166

橙黄拟蜡伞
Hygrophoropsis aurantiaca (Wulfen) Maire ex Martin–Sans

- **分类地位** 伞菌纲Agaricomycetes、牛肝菌目Boletales、拟蜡伞科Hygrophoropsidaceae
- **形态特征** 子实体小型至中等大；菌盖直径3～8cm，初期扁半球形，中部下凹，边缘伸展呈漏斗状，橙黄至黄褐色，表面绒状至近平滑，边缘内卷；菌褶黄色，延生，密，窄，有横脉，不等长；菌柄（1～5）cm×（0.3～0.8）cm，圆柱形，基部膨大，表面橙黄色，内部松软，基部常有白色绒毛；菌肉黄色或黄白色；稍有香气；担孢子无色或浅黄色，光滑，椭圆形，4.5～6.5μm。
- **生　境** 夏秋季生于腐木附近地上，单生或群生。
- **价　值** 可食用。
- **分　布** 内蒙古、陕西、四川、云南、西藏。
- **标 本 号** AF1620，AF2583，AF2638，AF2694，AF2702，AF2734，AF2757，AF2868，AF2913，AF3025

橙黄拟蜡伞

环柄蜡伞

Hygrophorus annulatus C.Q. Wang & T.H. Li

▪分类地位　伞菌纲Agaricomycetes、伞菌目Agaricales、蜡伞科Hygrophoraceae

▪形态特征　子实体小型；菌盖直径4～7cm，幼时半球形到凸形，成熟时变为近杯状，灰褐色，边缘较浅，湿时黏，边缘不规则至波状；菌褶接近直生或延生，宽可达5mm，不等长，白色，蜡质；菌柄（6～15）cm×（0.5～2）cm，中生，近圆柱形，向上渐细，实心，基部通常有白色菌丝体，菌环上方菌柄为白色，下面被灰色到深棕色的纤维覆盖，菌柄上部具有褐色的菌环或部分菌幕；菌肉厚达12mm，白色；担孢子（8.5～11）μm×（5～7.5）μm，椭球形，薄壁，透明。

▪生　　境　夏秋季生于针叶林或针阔混交林中地上，单生或散生。

▪价　　值　食毒不明。

▪分　　布　四川、云南、西藏。

▪标 本 号　AF3252

簇生垂幕菇

Hypholoma fasciculare (Huds.) P. Kumm.

- **分类地位**　伞菌纲Agaricomycetes、伞菌目Agaricales、球盖菇科Strophariaceae
- **别　　名**　簇生沿丝伞
- **形态特征**　子实体小型；菌盖直径0.3～4cm，初期圆锥形至钟形，近半球形至平展，中央钝至稍尖，硫黄色，中间红褐色，光滑，干燥后易转变为黑褐色至暗红褐色；菌褶弯生，初期硫黄色，后逐渐转变为橄榄绿色，最后转变为橄榄紫褐色；菌柄（1～5）mm×（1～4）mm，圆柱形，硫黄色，向下逐渐变为橙黄色至暗红褐色；有时具有菌幕残痕或易消失的菌环，基部具有黄色绒毛；菌肉浅黄色至柠檬黄色；担孢子（5.5～6.5）μm×（4～4.5）μm，椭圆形至长椭圆形，光滑，淡紫灰色。
- **生　　境**　夏秋季生于腐烂的针阔叶树木桩、腐木上，簇生至丛生。
- **价　　值**　有毒。
- **分　　布**　中国广泛分布。
- **标 本 号**　AF2712，AF3156，AF3445，AF3525，AF3680

亚高山褐牛肝菌

Imleria subalpina Xue T. Zhu & Zhu L. Yang

▪**分类地位**　伞菌纲Agaricomycetes、牛肝菌目Boletales、牛肝菌科Boletaceae

▪**形态特征**　子实体中等大；菌盖直径4~8cm，扁半球形至平展，红褐色至暗褐色，湿时稍黏，边缘稍延伸；菌孔初期淡黄色至柠檬黄色，成熟后橄榄黄色，伤后缓慢变蓝色；菌柄（5~7）cm×（0.8~1.7）cm，圆柱形，向下渐粗，顶端淡黄色，向下稍淡，被淡褐色至暗褐色鳞片；菌肉米色至黄色，伤后缓慢变淡蓝色；担孢子（11~15）μm×（4.5~6）μm，梭形，光滑，浅黄色。

▪**生　　境**　夏秋季生于针叶林中地上，单生。

▪**价　　值**　食毒不明。

▪**分　　布**　中国华中及青藏地区。

▪**标 本 号**　AF2909，AF3217，AF3230，AF3554，AF3624，AF3627

深凹漏斗杯伞
Infundibulicybe gibba (Pers.) Harmaja

- **分类地位** 　伞菌纲Agaricomycetes、伞菌目Agaricales、未定科Incertae sedis
- **形态特征** 　子实体小型至中等大；菌盖直径2~10cm，初期扁半球形，逐渐平展，后期中部下凹呈漏斗形，干燥，薄，表面淡黄色至淡褐色，初有丝状柔毛，后变光滑，边缘条纹，波状；菌褶延生，白色，薄，稍密，窄，不等长；菌柄（2~5）cm×（0.5~1）cm，圆柱形，与菌盖颜色相同或稍浅，表面光滑，内部松软，基部稍膨大有白色绒毛；菌肉白色，薄；担孢子（6~9）μm×（3.5~5）μm，近卵圆形或椭圆形，光滑，无色，非淀粉质。
- **生　　境** 　夏秋季生于阔叶林或针叶林中地上、腐枝落叶层或草地上，单生或群生。
- **价　　值** 　食毒不明。
- **分　　布** 　中国广泛分布。
- **标 本 号** 　AF1090，AF1582，AF1607，AF1701，AF2102，AF2756，AF3709

红棕漏斗杯伞

Infundibulicybe rufa Q. Zhao, K.D. Hyde, J.K. Liu & Y.J. Hao

▪**分类地位**　伞菌纲Agaricomycetes、伞菌目Agaricales、未定科Incertae sedis

▪**形态特征**　子实体中等大；菌盖直径3～6cm，脐状或稍漏斗状，边缘最初弯曲，成熟时波浪状，表面新鲜时红褐色，干燥时深褐色；菌褶延生，密，白色、奶油色至淡黄色，宽可达2.5mm，有时分叉或横脉，边缘均匀；菌柄（4～7）cm×（0.5～1）cm，圆柱形，具有纵向条纹，表面与菌盖表面同色或稍深；气味臭；菌肉薄，白；担孢子（6.5～9）μm×（4～5）μm，椭圆形，无色，光滑，透明，薄壁，无淀粉质。

▪**生　　境**　夏秋季生于高海拔地区的云杉和紫云杉林中地上，散生和群生。

▪**价　　值**　食毒不明。

▪**分　　布**　四川、西藏 。

▪**标 本 号**　AF3493

绵毛丝盖伞
Inocybe curvipes **P. Karst.**

- ▪ 分类地位 　伞菌纲Agaricomycetes、伞菌目Agaricales、丝盖伞科Inocybaceae
- ▪ 形态特征 　子实体小型；菌盖直径2～3.5cm，幼时锥形，成熟后渐平展，中央具明显凸起，凸起处呈灰褐色至红褐色，向边缘渐淡，表面被平伏的辐射状鳞片，老后边缘开裂；菌褶宽达3.5mm，直生，较密，不等长，幼时灰白色带橄榄色，成熟后褐色，褶缘不平滑，色稍淡；菌柄（3.5～4.5）cm×（3～5）cm，圆柱形，基部稍膨大，红褐色，顶部和基部色淡，表面被绒毛状小纤维鳞片，实心；菌肉厚3mm，白色；淡土腥味；担孢子（9～11.5）μm×（5～6）μm，淡褐色。
- ▪ 生　　境 　夏季生于林中地上或林缘路边，单生或散生。
- ▪ 价　　值 　食毒不明。
- ▪ 分　　布 　中国东北地区及西藏。
- ▪ 标 本 号 　AF992

暗毛丝盖伞
Inocybe lacera (Fr.) P. Kumm.

- **分类地位** 伞菌纲Agaricomycetes、伞菌目Agaricales、丝盖伞科Inocybaceae
- **形态特征** 子实体小型；菌盖直径1～3cm，钟形，半球形，中部凸起，暗褐色，表面有纤毛状小鳞片；菌褶初期污白色，后灰褐色，直生，较密，不等长；菌柄（2～6）cm×（0.2～0.5）cm，上部色浅，下部暗褐色，基部色浅，纤维质，常弯曲；菌肉白色，薄；担孢子光滑，椭圆形，（9.5～12.5）μm×（5.5～6.5）μm，淡褐色；具有囊状体。
- **生　　境** 夏秋季生于林中地上，群生。
- **价　　值** 有毒。
- **分　　布** 四川、西藏。
- **标 本 号** AF3280，AF3281

斑点丝盖伞
Inocybe maculata Boud.

▪分类地位	伞菌纲Agaricomycetes、伞菌目Agaricales、丝盖伞科Inocybaceae
▪形态特征	子实体小型；菌盖直径2~6cm，钟形至斗笠形，顶部凸起，棕褐色纤毛状长条纹，边缘内卷，常开裂；菌褶浅灰褐至褐黄色，边缘白色，直生；菌柄（3~8）cm×（0.5~1.2）cm，污白色带点红褐色，有纵条纹，基部稍膨大，内部实心；菌肉污白色；担孢子椭圆形，（8~12）μm×（5~6）μm，淡褐色。
▪生　　境	秋季生于林中地上，单生、散生。
▪价　　值	食毒不明。
▪分　　布	中国青藏高原地区。
▪标 本 号	AF3213

光帽丝盖伞
Inocybe nitidiuscula (Britzelm.) Lapl.

- **分类地位**　伞菌纲Agaricomycetes、伞菌目Agaricales、丝盖伞科Inocybaceae
- **形态特征**　子实体小型；菌盖直径1.5～3cm，幼时锥形，后呈钟形至渐平展，老后菌盖边缘上翻，盖中央具较小的突起，光滑，纤丝状，中央深褐色，向边缘渐淡，老后边缘开裂；菌褶宽达3.5mm，直生，老后近延生，中等密，不等长，幼时污白色，成熟后带褐色；菌柄（3～6）cm×（0.2～0.4）cm，圆柱形，上部粉褐色，下部淡褐色至灰白色；菌肉白色或半透明，淡土腥味；担孢子（9～11）μm×（5～6）μm，椭圆形，光滑，淡褐色。
- **生　　境**　夏秋季生于阔叶林中地上，单生或散生。
- **价　　值**　食毒不明。
- **分　　布**　中国东北地区及西藏。
- **标　本　号**　AF4583

毛柄库恩菌
Kuehneromyces mutabilis (Schaeff.) Singer & A.H. Sm.

- **分类地位** 伞菌纲Agaricomycetes、伞菌目Agaricales、球盖菇科Strophariaceae
- **别　　名** 毛腿库恩菇、毛腿鳞伞、库恩菇
- **形态特征** 子实体小型；菌盖直径2.5～6cm，扁半球形，后渐扁平，肉桂色，湿时呈半透明状，光滑，边缘在湿润状态有条纹；菌褶初期呈近白色，后呈锈褐色，直生或稍下延，稍密，薄，宽；菌柄（3～7）cm×（0.5～0.8）cm，圆柱形，上部色较浅，下部肉桂色，内部松软后变中空，菌环以下部分有鳞片；菌环与菌柄同色，膜质，生于菌柄的上部，易脱落；菌肉白色或带褐色；担孢子淡锈色，平滑，椭圆形或卵形，（6～8）μm×（4～5）μm；具有囊状体。
- **生　　境** 夏秋季生于阔叶树木桩或倒木上，丛生。
- **价　　值** 可食用，也曾有记载含毒。
- **分　　布** 吉林、河北、甘肃、青海、新疆、云南、西藏。
- **标 本 号** AF4295

白蜡蘑

Laccaria alba Zhu L. Yang & Lan Wang

- **分类地位**　伞菌纲Agaricomycetes、伞菌目Agaricales、轴腹菌科Hydnangiaceae
- **别　　名**　白皮条菌
- **形态特征**　子实体小型；菌盖直径1～3.5cm，白色至污白色，有时带粉红色；菌褶淡粉红色；菌柄长3～5cm，直径3～6mm，近圆柱形，上端白色至污白色，向下肉桂色，表面光滑至有细小纤丝状鳞片，有时弯曲，空心；菌肉薄，白色；担孢子（7～9.5）μm×（7～9）μm，球形至近球形，具小刺，无色。
- **生　　境**　夏秋季生于林中地上，散生。
- **价　　值**　可食用。
- **分　　布**　中国华中地区及西藏。
- **标 本 号**　AF3376，AF3391

双色蜡蘑

Laccaria bicolor (Maire) P.D. Orton

- **分类地位** 伞菌纲Agaricomycetes、伞菌目Agaricales、轴腹菌科Hydnangiaceae
- **形态特征** 子实体小型；菌盖直径2~4.5cm，初期扁半球，后期稍平展，中部平或稍下凹，肉粉色至黄褐色，干燥时色变浅，表面平滑或稍粗糙，边缘内卷，有条纹；菌褶浅紫色，直生至稍延生，厚，宽，等长；菌柄细长，（6~15）cm×（0.3~1）cm，圆柱形，常扭曲，具纵向条纹和纤毛，带浅紫色，基部稍粗且有淡紫色绒毛，内部松软至变空心；菌肉污白色或浅粉褐色；担孢子近卵圆形，白色，（7~10）μm×（6~7.8）μm。
- **生　　境** 秋季生于针阔混交林中地上，群生或散生。
- **价　　值** 可食用。
- **分　　布** 香港、云南、西藏。
- **标 本 号** AF657，AF664，AF3225

漆亮蜡蘑

Laccaria laccata (Scop.) Cooke

- **分类地位** 伞菌纲Agaricomycetes、伞菌目Agaricales、轴腹菌科Hydnangiaceae
- **别　　名** 红皮条菌、假陡头菌、漆亮杯伞、一窝蜂
- **形态特征** 子实体小型；菌盖直径1~5cm，近扁半球形，后渐平展，中央下凹或脐状，肉红色至淡红褐色，湿润时水浸状，边缘波状或瓣状，有粗条纹；菌褶同菌盖色，直生或近延生，稀疏，宽，不等长；菌柄（3~8）cm×（0.2~0.8）cm，同菌盖色，圆柱形或稍扁圆，下部常弯曲，纤维质，韧，内部松软；菌肉粉褐色，薄；担孢子无色或淡黄色，圆球形，具小刺，7.5~10μm。
- **生　　境** 夏秋季生于林地或腐枝层上，散生或群生，有时丛生。
- **价　　值** 食药用。
- **分　　布** 中国广泛分布。
- **标 本 号** AF3160

淡红蜡蘑
Laccaria pallidorosea Yang Yang Cui, Qing Cai & Zhu L. Yang

▪**分类地位**　伞菌纲Agaricomycetes、伞菌目Agaricales、轴腹菌科Hydnangiaceae

▪**形态特征**　子实体小型；菌盖直径1～2.5cm，凸到扁平，中心带褐色至粉红色，边缘奶油色至白色，无毛，湿润，边缘具明显条纹，波状；菌褶弯生到直生，白色至带粉红色；菌柄（2～4）cm×（0.2～0.4）cm，近圆柱形，表面近光滑，有时具有纵向条纹，污白色至略带粉红色；菌肉白色至粉红色；担孢子（7～9）μm×（6.5～8.5）μm，球形到近球形，透明，具小刺，无色。

▪**生　　境**　夏秋季生于亚热带阔叶林土壤中，单生、散生或群生。

▪**价　　值**　食毒不明。

▪**分　　布**　云南、西藏。

▪**标　本　号**　AF3292，AF3292

淡红蜡蘑

小蜡蘑
Laccaria parva H.J. Cho & Y.W. Lim

▪分类地位	伞菌纲Agaricomycetes、伞菌目Agaricales、轴腹菌科Hydnangiaceae
▪形态特征	子实体小型；菌盖直径0.5～2.5cm，半球形到平展，脐状，表面被有颗粒，亮棕色或红棕色，成熟时有条纹，边缘白色，有时波浪状；菌褶贴生，粉的，不等长；菌柄（2～4）cm×（0.3～0.5）cm，近圆柱形，光滑至被满小纤维鳞片，红棕色；菌肉薄，与柄同色；担孢子（9～10）μm×（8.5～10）μm，球形至近球形，透明，有小疣，无色。
▪生　　境	秋季生于栎树和栎树林中地上，散生。
▪价　　值	食毒不明。
▪分　　布	四川、西藏。
▪标 本 号	AF563，AF3279

条柄蜡蘑
Laccaria proxima (Boud.) Pat.

▪分类地位	伞菌纲Agaricomycetes、伞菌目Agaricales、轴腹菌科Hydnangiaceae
▪形态特征	子实体小型；菌盖直径2~6cm，初期扁半球形至近平展，中部稍下凹，淡土红色，具微细小鳞片，湿润时呈水浸状，边缘近波状且具细条纹；菌褶直生至延生，稀，宽，厚，不等长；菌柄（8~12）cm×（0.2~0.9）cm，细长，圆柱形，同盖色或稍棕黄色，有纤维状纵条纹，具丝光，往往扭曲，内松软，基部色浅；菌肉淡肉色，薄；担孢子无色，具小刺，近卵圆形至近球形，（7.6~9.5）μm×（6.5~8）μm。
▪生　　境	夏秋季生于林中地上，单生或群生。
▪价　　值	食药用。
▪分　　布	黑龙江、吉林、河北、山西、青海、新疆、云南、西藏等。
▪标 本 号	AF3642

冷杉乳菇

Lactarius abieticola X.H. Wang

▪**分类地位** 伞菌纲Agaricomycetes、红菇目Russulales、红菇科Russulaceae

▪**形态特征** 子实体小到中等大；菌盖直径2.5～5cm，平展，中心凹陷，表面有点状斑纹，通常具绒毛，浅黄色至橙黄色，湿润，具条纹，边缘渐开裂；菌褶2～4mm，密，近菌柄通常分叉或融合，橙红色，伤后褪色显淡绿色；菌柄（2～5）cm×（0.5～1）cm，中生，圆柱形，稍渐尖向上，橙色，实心到中空，表面黏，基部有奶油色至淡橙色纤毛；菌肉1～3mm厚，淡橙色或接近白色，老时带有淡绿色，有乳汁；担孢子（7.5～10）μm×（6～8）μm，椭圆形，无色。

▪**生 境** 夏秋季生于冷杉林中地上，散生或群生。

▪**价 值** 食毒不明。

▪**分 布** 四川、西藏。

▪**标 本 号** AF3158，AF3171，AF3187，AF3299，AF3354，AF3578，AF3604，AF3626

松乳菇
***Lactarius deliciosus* (L.) Gray**

- **分类地位** 伞菌纲Agaricomycetes、红菇目Russulales、红菇科Russulaceae
- **形态特征** 子实体中等至较大；菌盖直径4～10cm，扁半球形，中央脐状，伸展后下凹，深橙色，有明显的环带，后色变淡，伤后变绿色，特别是菌盖边缘部分变绿显著，边缘最初内卷，后平展，湿时黏；菌褶与菌盖同色，直生或稍延生，稍密，近菌柄处分叉，褶间具横脉，伤或老后变绿色；菌柄（2～5）cm×（0.7～2）cm，近圆柱形或向基部渐细，深橙色，伤后变绿色，内部松软后变中空；菌肉初带白色，后变橘黄色，乳汁量少，最后变绿色；担孢子无色或浅黄色，有疣和网纹，椭圆形，（8～10）μm×（7～8）μm；具有囊状体。
- **生　　境** 夏秋季生于针阔叶林中地上，单生或群生。
- **价　　值** 食药用。
- **分　　布** 中国广泛分布。
- **标 本 号** AF747，AF1081，AF2264，AF2326，AF2550，AF2581，AF2785，AF2927

松乳菇

云杉乳菇
Lactarius deterrimus Gröger

▪ **分类地位**　伞菌纲Agaricomycetes、红菇目Russulales、红菇科Russulaceae

▪ **形态特征**　子实体中等至大型；菌盖直径5～10cm，平展，中间下凹，橘红色至橘黄色，局部带绿色调，有不明显同心环纹，边缘色浅；菌褶直生，橘黄色，伤后缓慢变绿色，乳汁橘黄色至绿色；菌柄（3～6）cm×（1～3）cm，圆柱形，颜色较菌盖淡，表面近平滑，内部松软；菌肉近白色，厚；担孢子（8～10）μm×（6～7）μm，宽椭圆形至卵形，近无色，有网纹，淀粉质。

▪ **生　　境**　夏秋季生于云杉林中地上，单生至散生。

▪ **价　　值**　食毒不明。

▪ **分　　布**　中国东北及青藏地区。

▪ **标 本 号**　AF662，AF1042，AF1108，AF3276

土橙黄乳菇
Lactarius porniniae Rolland

▪ 分类地位　　伞菌纲Agaricomycetes、红菇目Russulales、红菇科Russulaceae

▪ 形态特征　　子实体较小至中等；菌盖直径2.5～6cm，有时可达9cm，扁半球形至扁平，中部下凹，土黄色，表面被小鳞片，湿时稍黏，边缘平整稍内卷；菌褶浅橙黄色，延生，稍密，边缘伤后显绿色，汁液白色；菌柄（3～6）cm×（0.7～1）cm，圆柱状，向下部稍膨大，表面浅红褐色，伤后绿色；菌肉浅土黄色或肉粉黄色，伤后绿色，具水果香气；担孢子疣刺连结成网，近球形或近卵球形，无色，（7.5～10）μm×（6～7.5）μm；具有囊状体。

▪ 生　　境　　夏秋季生于林中地上，群生。

▪ 价　　值　　食毒不明。

▪ 分　　布　　四川、西藏。

▪ 标 本 号　　AF1588，AF3475

血红乳菇
Lactarius sanguifluus (Paulet) Fr.

- **分类地位**　伞菌纲Agaricomycetes、红菇目Russulales、红菇科Russulaceae
- **别　　名**　桃花菌
- **形态特征**　子实体中等大；菌盖直径3～12cm，扁半球，平展至中部下凹，最后近漏斗形，边缘初内卷，浅红褐色，有绿色斑点，具浅色环带或环带不明显，稍黏；菌褶蛋壳色，伤变绿色，直生后延生，密，窄而薄，有时分叉，乳汁血红色至紫红色；菌柄（3～6）cm×（0.8～2.5）cm，等粗或基部渐细，颜色比菌盖浅，有绿色斑点，内实，后中空；菌肉浅米黄色，味道柔和，气味稍香；担孢子无色至淡黄色，有疣和网纹，近球形，（8～10）μm×（6.5～8）μm；具有囊状体。
- **生　　境**　夏秋季生于针叶林地上，单生或散生。
- **价　　值**　可食用。
- **分　　布**　山西、江苏、甘肃、青海、四川、云南、西藏。
- **标 本 号**　AF3497

锡金乳菇
Lactarius sikkimensis Verbeken & K. Das

- **分类地位** 伞菌纲Agaricomycetes、红菇目Russulales、红菇科Russulaceae
- **形态特征** 子实体中等大；菌盖直径2.5~4.5cm，扁平至漏斗状，有时具钝的乳突，表面光滑，无光泽，幼时红棕色，边缘深棕色；菌褶直生到稍下延，稍密，不等长，粉红色至淡橙色；菌柄（4~7.5）cm×（0.5~1）cm，近圆柱形，有时向下渐细，红棕色，中空；菌肉薄，乳汁稀少，乳白色，不变色；担孢子白色至浅粉色，（7.5~9.2）μm×（5.9~7.1）μm，宽椭球形。
- **生　　境** 夏秋季生于混交林中地上，单生或群生。
- **价　　值** 食毒不明。
- **分　　布** 西藏。
- **标 本 号** AF1037

毛头乳菇
Lactarius torminosus (Schaeff.) Pers.

- **分类地位** 伞菌纲Agaricomycetes、红菇目Russulales、红菇科Russulaceae
- **别　　名** 疝疼乳菇
- **形态特征** 子实体中等大；菌盖直径4～11cm，扁半球形，中部下凹呈漏斗状，边缘内卷，表面浅红褐色，具同心环纹，有白色长绒毛，有不规则突起；菌褶白色，后期浅粉红色，直生至延生，较密；菌柄（3～5）cm×（0.5～1.5）cm，粗壮，同盖色，中实至松软；菌肉白色，乳汁白色，味苦；担孢子无色，有小刺，宽椭圆形，（8～10）μm×（6～8）μm；具有囊状体。
- **生　　境** 夏秋季生于林中地上，单生或散生。
- **价　　值** 有毒。
- **分　　布** 中国广泛分布。
- **标 本 号** AF4510

110　厚多汁乳菇

Lactifluus pinguis (Van de Putte & Verbeken) Van de Putte

▪**分类地位**　　伞菌纲Agaricomycetes、红菇目Russulales、红菇科Russulaceae

▪**形态特征**　　子实体中等大；菌盖直径4～8cm，未成熟时凸起，至半球形中间凹，边缘规则，老时有些波状，表面幼时光滑至白色绒毛，老时具皱纹，红褐色，中间色深，伤后浅棕色；菌褶延生，白色至奶油色，伤后浅棕色，密，不等长；菌柄（4～9.5）cm×（1～1.5）cm，圆柱形或向下渐细，中生，表面干燥，上部分浅黄色，带红色调，下部分颜色深；菌肉浅黄色，白色乳汁；担孢子（7.4～10.2）μm×（8～9.6）μm，近球形，淀粉质。

▪**生　　境**　　夏秋季生于混交林中地上，散生。

▪**价　　值**　　食毒不明。

▪**分　　布**　　浙江、西藏。

▪**标 本 号**　　AF3699

多汁乳菇
Lactifluus volemus (Fr.) Kuntze

- **分类地位** 伞菌纲Agaricomycetes、红菇目Russulales、红菇科Russulaceae
- **别　　名** 红奶浆菌、牛奶菌
- **形态特征** 子实体中等至较大；菌盖直径4.5~12cm，幼时半球形，中部脐状，伸展后中部下凹，浅黄褐色，平滑，边缘表面有时带褶皱，边缘上翘似杯伞状；菌褶白色至浅黄色，受伤处带褐色，稍密，延生，不等长，近柄处分叉，乳汁多，白色，不变色；菌柄（3.5~8）cm×（1.5~2.5）cm，近圆柱形，近光滑，色同菌盖，内实；菌肉白色或稍带乳黄色，伤后变褐色；担孢子无色，近球形，有小疣和明显的网棱，（8.5~10.5）μm×（8~10）μm；具有囊状体。
- **生　　境** 夏秋季生于林中地上，散生或群生。
- **价　　值** 可食用。
- **分　　布** 中国广泛分布。
- **标 本 号** AF1321，AF1800

112 橙黄疣柄牛肝菌

Leccinum aurantiacum (Bull.) Gray

▪ **分类地位**	伞菌纲Agaricomycetes、牛肝菌目Boletales、牛肝菌科Boletaceae
▪ **别　　名**	黄赖头
▪ **形态特征**	子实体中等至较大；菌盖直径3～12cm，半球形，表面橙红色，具有褶皱，边缘内卷；菌柄（5～12）cm×（1～2.5）cm，圆柱形，基部稍膨大，淡褐色，表面被有褐色小疣，上端颜色深；菌肉淡白色，后呈淡褐色，受伤不变色，厚；菌孔淡白色，圆形，后变污褐色，受伤时变肉色，直生至稍弯生；担孢子淡褐色，长椭圆形或近纺锤形，（17～20）μm×（5～6）μm；有少量囊状体。
▪ **生　　境**	夏秋季生于林中地上，单生或散生。
▪ **价　　值**	可食用。
▪ **分　　布**	中国温带地区。
▪ **标 本 号**	AF909，AF970，AF2811

橙黄疣柄牛肝菌

皱盖疣柄牛肝菌
Leccinum rugosiceps (Peck) Singer

▪**分类地位**　　伞菌纲Agaricomycetes、牛肝菌目Boletales、牛肝菌科Boletaceae

▪**形态特征**　　子实体中等至大型；菌盖直径5～15cm，半球形至平展，表面明显凸凹不平或多龟裂，黄褐色，被绒毛和粒状小凸起，边缘易开裂；菌孔圆形，黄褐色，近离生；菌柄（8～10）cm×（2～3）cm，圆柱形，基部稍膨大，空心，表面黄色，被有颗粒状疣点和小鳞片，老时有黑色斑；菌肉白色或近浅黄色，伤处呈粉紫色；担孢子近纺锤形，（16～21）μm×（5～6.5）μm；具有囊状体。

▪**生　　境**　　夏秋季生于壳斗科的林中地上，单生或群生。

▪**价　　值**　　可食用。

▪**分　　布**　　四川、云南、西藏。

▪**标 本 号**　　AF3238

褐鳞疣柄牛肝菌
Leccinum scabrum (Bull.) Gray

- **分类地位** 伞菌纲Agaricomycetes、牛肝菌目Boletales、牛肝菌科Boletaceae
- **形态特征** 子实体中等至大型；菌盖直径4~10cm，半球形，表面黄褐色，湿时稍黏，被有小鳞片，边缘具有稍大鳞片；菌孔圆形，白色至浅黄棕色，直生至近离生；菌柄（5~8）cm×（1~2）cm，圆柱形，基部稍膨大，表面白色，上部分被有少量小疣，下部分被有大量黑色小疣；菌肉白色，伤时不变色或浅粉黄色；担孢子无色至淡褐色，平滑，长椭圆形或近纺锤形，（15~18）μm×（5~6）μm；具有囊状体。
- **生　　境** 夏秋季生于阔叶林中地上，单生或散生。
- **价　　值** 可食用。
- **分　　布** 中国广泛分布。
- **标 本 号** AF1508，AF2553，AF2580，AF2806，AF2825，AF2827

钩孢木瑚菌
Lentaria uncispora P. Zhang & Zuo H. Chen

- **分类地位** 伞菌纲Agaricomycetes、钉菇目Gomphales、木瑚菌科Lentariaceae
- **形态特征** 子实体中等大；高5~10cm，宽3~5cm，分枝3~4列，幼时肉质棕黄色，后变成浅黄色，带肉粉色，在基质上的根状柄；菌柄通常连生，可达1cm×0.5cm，不规则圆柱形，表面肉粉色；菌肉黄褐色，薄；担孢子（24~27）μm×（3.5~4）μm，线状，呈钩状，光滑，无色，透明，薄壁，无淀粉质。
- **生　　境** 夏秋季多生于有苔藓的地方，丛生或群生。
- **价　　值** 食毒不明。
- **分　　布** 四川、西藏。
- **标 本 号** AF3634

贝壳状小香菇
Lentinellus cochleatus (Pers.) P. Karst.

- **分类地位**　伞菌纲Agaricomycetes、红菇目Russulales、耳匙菌科Auriscalpiaceae
- **别　　名**　螺壳状革耳、螺壳状小香菇
- **形态特征**　子实体中等大；菌盖宽3~6cm，初期为勺形或平展，后期呈心形或漏斗形，表面光滑，淡黄褐色或深褐色，边缘稍内卷，有放射状条纹，边缘黑色；菌褶延生，密，肉粉色，边缘锯齿状；菌柄（3~8）cm×（0.3~1.2）cm，侧生或偏生，与菌盖同色或稍淡，较韧，多个菌柄扭结在一起，延生的菌褶至菌柄上，向下具有深皱纹或具条棱；菌肉白色或稍带淡棕色，革质；担孢子较小，（3~4）μm×（4~5）μm，宽椭圆形至椭圆形，表面具有小疣，无色，淀粉质。
- **生　　境**　夏秋季生于针阔混交林或阔叶林中腐木上，丛生。
- **价　　值**　食毒不明。
- **分　　布**　中国温带地区。
- **标 本 号**　AF3615

北方小香菇
Lentinellus ursinus (Fr.) Kühner

- ▪**分类地位**　伞菌纲Agaricomycetes、红菇目Russulales、耳匙菌科Auriscalpiaceae
- ▪**别　　名**　北方螺壳菌
- ▪**形态特征**　子实体小型至中等大；菌盖直径3～10cm，近肾形或贝形，肉桂色或红褐色，表面干燥，有细绒毛，中间有明显暗褐色绒毛，边缘薄而色浅；菌褶白色、乳黄色至棕灰色，稍密，褶缘锯齿状；菌柄圆柱形，同盖色，弯曲；菌肉强韧，白色至污白色；担孢子无色，（3～4.5）μm×（2～3.5）μm，光滑，近球形至宽椭圆形。
- ▪**生　　境**　夏秋季生于桦木等阔叶树腐木上，覆瓦状叠生，有时单生。
- ▪**价　　值**　幼嫩时可食用。
- ▪**分　　布**　吉林、河北、四川、西藏。
- ▪**标 本 号**　AF3741，AF4339

香菇
Lentinula edodes (Berk.) Pegler

- **分类地位** 伞菌纲Agaricomycetes、伞菌目Agaricales、类脐菇科Omphalotaceae
- **别　　名** 香蕈、香信、冬菰、花菇、香菰
- **形态特征** 子实体中等至大型；菌盖直径5～12cm，呈扁半球形至平展，深褐色至深肉桂色，具深色鳞片，干燥后的子实体有龟裂纹，菌盖边缘初时内卷，后平展，边缘处有白色鳞片，具毛状物或絮状物，菌盖展开后，部分菌幕残留于菌缘；菌褶白色，密，弯生，不等长；菌柄（3～10）cm×（0.5～3）cm，中生或偏生，菌环以下有纤毛状鳞片，实心；菌环易消失；菌肉厚或较厚，白色，柔软而有韧性；担孢子（4.5～7）μm×（3～4）μm，椭圆形至卵圆形，光滑，无色。
- **生　　境** 秋季生于倒木上，散生或单生。
- **价　　值** 著名食用菌。
- **分　　布** 中国温带地区。
- **标 本 号** AF4168，AF4171，AF4173，AF4176，AF4205

冠状环柄菇

Lepiota cristata (Bolton) P. Kumm.

▪ **分类地位**	伞菌纲Agaricomycetes、伞菌目Agaricales、伞菌科Agaricaceae
▪ **别　　名**	小环柄菇
▪ **形态特征**	子实体小型至中等大；菌盖直径1~7cm，白色至污白色，被红褐色至褐色鳞片，中央具钝突起，表面具红褐色鳞片向边缘散开；菌褶离生，白色；菌柄（1.5~8）cm×（0.3~1）cm，白色，后变为红褐色；菌环上位，白色，易消失；菌肉薄，白色，具令人作呕的气味；担孢子（5.5~8）μm×（2.5~4）μm，近三角形，无色，近淀粉质。
▪ **生　　境**	夏秋季生于林中、路边、草坪等地上，单生或群生。
▪ **价　　值**	有毒。
▪ **分　　布**	中国大部分地区。
▪ **标 本 号**	AF4449

紫丁香蘑
Lepista nuda (Bull.) Cooke

- **分类地位** 伞菌纲Agaricomycetes、伞菌目Agaricales、未定科Incertae sedis
- **别　　名** 裸口蘑、紫晶蘑
- **形态特征** 子实体中等大；菌盖直径3.5～10cm，半球形至平展，有时中部下凹，丁香紫色，光滑，具有白色微绒毛，边缘内卷，无条纹；菌褶紫色，密，直生至梢延生，不等长，往往边缘呈小锯齿状；菌柄（4～9）cm×（0.5～2）cm，圆柱形，基部稍膨大，白色带淡紫色，上部有絮状粉末，下部光滑或具纵条纹，实心；菌肉淡紫色，较厚；担孢子无色至浅粉色，椭圆形，具小麻点，（5～7.5）μm×（3～5）μm。
- **生　　境** 秋季生于林地上，群生，有时近丛生或单生。
- **价　　值** 食药用。
- **分　　布** 中国温带地区。
- **标 本 号** AF73，AF85，AF94，AF3488

紫丁香蘑

花脸香蘑
Lepista sordida (Schumach.) Singer

▪ **分类地位**　伞菌纲Agaricomycetes、伞菌目Agaricales、未定科Incertae sedis

▪ **别　　名**　花脸蘑、紫花脸

▪ **形态特征**　子实体小型；菌盖直径3～7.5cm，扁半球形至平展，有时中部稍下凹，湿润时水浸状花纹，浅紫色，边缘内卷，具不明显的条纹，常呈波状；菌褶淡蓝紫色，稍稀，直生或弯生，有时稍延生，不等长；菌柄（3～6.5）cm×（0.2～1）cm，同菌盖颜色，靠近基部常弯曲，内实；菌肉淡紫色，薄；担孢子无色，表面粗糙，椭圆形至近卵圆形，（6.2～9.8）μm×（3.2～5）μm。

▪ **生　　境**　夏秋季生于山坡草地、草原等地，群生或近丛生。

▪ **价　　值**　可食用。

▪ **分　　布**　中国温带及亚热带地区。

▪ **标 本 号**　AF2484

网纹马勃

Lycoperdon perlatum Pers.

▪分类地位	伞菌纲Agaricomycetes、伞菌目Agaricales、马勃科Lycoperdaceae
▪形态特征	子实体小型，高3～8cm，宽2～6cm，倒卵形，初期近白色，后变灰褐色，不孕基部发达；外包被大量小刺，有规则地分布在表面，小刺脱落后表面显出网纹状；孢体青黄色，后变为褐色，有时稍带紫色；担孢子淡黄色，具小疣，球形，3.5～5μm；孢丝淡黄色至浅黄色，长，少分枝，粗3.5～5.5μm。
▪生　　境	夏秋季生于林中地上，有时生于腐木上，群生。
▪价　　值	食药用。
▪分　　布	中国广泛分布。
▪标本号	AF1714，AF2683，AF2889，AF2976，AF3013，AF3076，AF3550

梨形马勃
Lycoperdon pyriforme Schaeff.

▪分类地位　伞菌纲Agaricomycetes、伞菌目Agaricales、马勃科Lycoperdaceae

▪形态特征　子实体小型，高2～3.5cm，梨形至近球形，不孕基部发达，由白色菌丝束固定于基物上，初期包被浅褐色，后呈茶褐色至浅烟色，外包被形成微细颗粒状小疣，内部橄榄色，后变为褐色；担孢子橄榄色，平滑，球形，直径3.5～4.5μm；孢丝青色，分枝少，无隔膜，粗3.5～5.2μm。

▪生　　境　夏秋季生于林中地上、腐木桩基部，丛生、散生或密集群生。

▪价　　值　食药用。

▪分　　布　中国广泛分布。

▪标 本 号　AF2633，AF2643，AF2659，AF2917，AF3066，AF3078

荷叶离褶伞
Lyophyllum decastes (Fr.) Singer

▪**分类地位**　伞菌纲Agaricomycetes、伞菌目Agaricales、离褶伞科Lyophyllaceae

▪**别　　名**　荷叶菇、冻菌、冷香菌、北风菌

▪**形态特征**　子实体中等至大型；菌盖直径5～16cm，扁半球形至平展，中部下凹，灰黄色至浅肉桂色，光滑，边缘平滑且初期内卷，后伸展呈不规则波状；菌褶直生至延生，稍密至稠密，白色，不等长；菌柄（3～6）cm×（0.7～1.8）cm，近圆柱形或稍扁，同盖色，光滑，实心；菌肉厚，白色；担孢子近椭圆形至宽椭圆形，光滑，无色，（6～10）μm×（4～5）μm。

▪**生　　境**　夏秋季生于草地或阔叶林中地上，丛生。

▪**价　　值**　可食用。

▪**分　　布**　中国温带地区。

▪**标 本 号**　AF92，AF593，AF2986

墨染离褶伞
Lyophyllum semitale (Fr.) Kühner

- **分类地位**　伞菌纲Agaricomycetes、伞菌目Agaricales、离褶伞科Lyophyllaceae
- **形态特征**　子实体中等大；菌盖直径3～6cm，半球形至平展，中部有时稍下凹，表面湿润似水浸状，灰褐色，干燥时色变浅，光滑，边缘具有不明显条纹，波状至上翘；菌褶直生至弯生，白色至带灰色，伤处变黑色，不等长，稀，边缘波浪状；菌柄（2～6）cm×（0.5～1.5）cm，上部近等粗，下部至基部膨大且有白色毛，灰白色，下部灰褐色，纤维质，内部实心后变空心；菌肉白色或带灰色，伤时变黑色；担孢子椭圆形，光滑，无色，（6～10）μm×（4～5）μm。
- **生　　境**　秋季生于林中地上，丛生。
- **价　　值**　食毒不明。
- **分　　布**　中国青藏高原地区。
- **标 本 号**　AF209，AF2838，AF3050

墨染离褶伞

隐形小皮伞

Marasmius occultatiformis Antonín, Ryoo & H.D. Shin

▪**分类地位**　伞菌纲Agaricomycetes、伞菌目Agaricales、小皮伞科Marasmiaceae

▪**形态特征**　子实体小型；菌盖直径1～2.5cm，半球形至平展，中央红褐色，边缘色浅，表面具微绒毛；菌褶直生，白色，较密；菌柄（2～5）cm×（0.2～0.3）cm，圆柱形，顶端白色，透明，向下逐渐变为红褐色，非直插入基物内，基部菌丝体白色；菌肉薄，近白色；担孢子（6.5～8）μm×（3～4）μm，椭圆形，光滑，无色。

▪**生　　境**　夏秋季生于云杉、冷杉、灌丛林中的腐殖质中，单生或群生。

▪**价　　值**　食毒不明。

▪**分　　布**　中国青藏高原地区。

▪**标 本 号**　AF514，AF4664

隐形小皮伞

硬柄小皮伞
Marasmius oreades (Bolton) Fr.

- **分类地位** 伞菌纲Agaricomycetes、伞菌目Agaricales、小皮伞科Marasmiaceae
- **别　　名** 硬柄皮伞、仙环小皮伞
- **形态特征** 子实体小型；菌盖直径3～5cm，扁平球形至平展，中部稍凸，浅肉色、深土黄色至污白色，光滑，边缘平滑或湿时稍显出条纹；菌褶白色，离生，宽，稀，不等长；菌柄（4～6）cm×（0.2～0.4）cm，圆柱形，光滑，实心；菌肉近白色，薄；担孢子无色，光滑，椭圆形，（8～10.4）μm×（4～6.2）μm。
- **生　　境** 夏秋季生于草地、林中地上，群生。
- **价　　值** 食药用。
- **分　　布** 中国广泛分布。
- **标 本 号** AF1589，AF4370，AF4474

紫柄铦囊蘑

Melanoleuca porphyropoda X.D. Yu

- **分类地位** 伞菌纲Agaricomycetes、伞菌目Agaricales、未定科Incertae sedis
- **形态特征** 子实体小型至中等大；菌盖直径3~6cm，平展，边缘波状，表面深黄褐色，中间颜色稍深，表面有白色绒毛；菌褶延生，较密，白色，有小菌褶；菌柄（5~6）cm×（0.5~0.7）cm，圆柱形，紫褐色，具白色绒毛，基部稍膨大；菌肉白色至奶油色，薄；担孢子（8~12）μm×（4.5~8）μm，椭圆形，表面有小疣，无色，淀粉质。
- **生　　境** 夏秋季生于林中或草地上，散生。
- **价　　值** 食毒不明。
- **分　　布** 中国东北地区及西藏。
- **标 本 号** AF3037

紫柄铦囊蘑

紫褐羊肚菌

Morchella purpurascens (Krombh. ex Boud.) Jacquet.

- **分类地位** 盘菌纲Pezizomycetes、盘菌目Pezizales、羊肚菌科Morchellaceae
- **形态特征** 子实体中等大，高4~7cm，宽2~4cm，呈圆锥形或近圆柱形，顶部多钝或稍尖，有比较明显的纵棱纹交织成网格状，并形成多个近长方形或近角形的门窝，浅茶褐、茶褐带紫色，往往棱纹色较深，菌柄3~5cm，粗0.7~2cm，近圆柱形或近棒状，白色、黄白色或带浅黄褐色、空心，基部稍膨大，有纵沟槽纹，空心；担孢子无色，光滑，椭圆形至长椭圆形，（18~22.5）μm×（9~15）μm，侧丝无色，细长，有横隔，顶部稍膨大，粗10~12.5μm。
- **生　境** 春夏季生于山林中地上，灌木林中地上，散生或单生，偶有群生。
- **价　值** 可食用。
- **分　布** 甘肃、四川、西藏。
- **标 本 号** AF3017，AF3086

黏盖菌
Mucidula mucida (Schrad.) Pat.

- **分类地位** 伞菌纲Agaricomycetes、伞菌目Agaricales、泡头菌科Physalacriacea
- **形态特征** 子实体小型；菌盖直径4～12cm，初期半球形，渐平展，表面水浸状，黏滑，白色带浅棕色，边缘具不规则条纹；菌褶直生至弯生，宽，稀，不等长，白色；菌柄（5～8）cm×（0.3～1）cm，圆柱形或基部膨大，纤维质，实心，上部白色，下部略带灰褐色；菌肉白色，薄；菌环上位，白色，膜质；担孢子（15.8～23.8）μm×（14.9～19.5）μm，近球形，光滑，无色。
- **生　　境** 夏秋季生于树桩或倒木，群生、近丛生或单生。
- **价　　值** 可食用。
- **分　　布** 中国温带地区。
- **标 本 号** AF1642，AF3204，AF3510，AF3671，AF4154，AF4170，AF4361

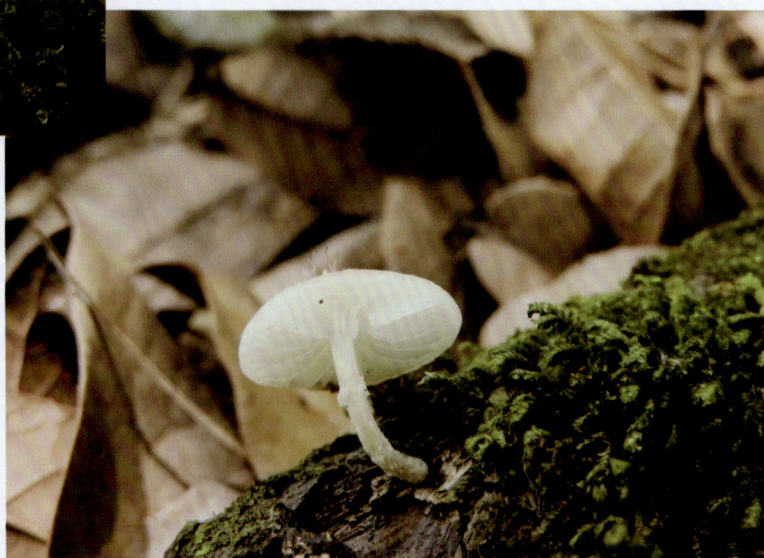

沟纹小菇
Mycena abramsii (Murrill) Murrill

- **分类地位**　伞菌纲Agaricomycetes、伞菌目Agaricales、小菇科Mycenaceae
- **形态特征**　子实体小型；菌盖直径1～2.5cm，半球形至斗笠形或钟形，中部凸起，灰褐或浅灰粉色，中间色深，边缘色浅，表面平滑或有小鳞片，边缘有明显沟条纹；菌褶灰白，较稀，稍宽，不等长；菌柄细长，（3～6.5）cm×（0.1～0.2）cm，似盖色，上部近白色，下部近灰褐色，光滑，基部有时具白色菌丝体；菌肉白至灰白色，薄；担孢子无色，光滑，含油球，椭圆形，（7.5～11）μm×（4.5～5.5）μm；具有囊状体。
- **生　　境**　秋季生于针阔林中地上，群生。
- **价　　值**　食毒不明。
- **分　　布**　黑龙江、河北、广东、西藏。
- **标　本　号**　AF4603

盔盖小菇
Mycena galericulata (Scop.) Gray

- **分类地位**　伞菌纲Agaricomycetes、伞菌目Agaricales、小菇科Mycenaceae
- **别　　名**　蓝小菇
- **形态特征**　子实体小型；菌盖直径2～5cm，幼时钟形，成熟后逐渐平展，半透明状，表面具沟纹或明显的褶皱，表面铅灰色，中部色深，边缘近白色；菌褶稍密，白色，不等长，直生至弯生；菌柄长4～8cm，直径2～5mm，圆柱形或扁平，幼时深灰色，成熟后呈灰色至灰白色，平滑，空心，软骨质，基部被白色毛状菌丝体；菌肉半透明，薄；担孢子（9.5～12）μm×（7.5～9）μm，宽椭圆形，光滑，无色，淀粉质。
- **生　　境**　初夏至秋季生于森林中阔叶树或针叶树的树桩、腐木或枯枝上，散生。
- **价　　值**　食药用。
- **分　　布**　中国温带地区。
- **标 本 号**　AF3183

盔盖小菇

133 红汁小菇

Mycena haematopus (Pers.) P. Kumm.

- **分类地位** 伞菌纲Agaricomycetes、伞菌目Agaricales、小菇科Mycenaceae
- **别　　名** 血红小菇
- **形态特征** 子实体小型；菌盖直径1~2.5cm，钟形至斗笠形，表面湿润，水浸状，灰褐红色，具放射状长条纹，开始色深，后变稍浅，光滑，盖边缘裂成齿状；菌褶直生至稍延生，较稀，污白带粉色至粉红色、灰黄色；菌柄细长，（7~8）cm×（0.2~0.4）cm，同菌盖颜色，初期似有粉末，后光滑，基部有灰白色毛，受伤处流出血红色汁乳，脆骨质，空心；菌肉薄，同菌盖色；担孢子无色，淀粉反应，光滑，宽椭圆形或卵圆形，（7.6~8）μm×（4.8~6.5）μm；有囊状体。
- **生　　境** 夏秋季生于林中腐枝落叶层或腐朽木上，丛生、群生或散生。
- **价　　值** 食药用。
- **分　　布** 吉林、河南、西藏。
- **标 本 号** AF3333，AF3401

沟柄小菇
***Mycena polygramma* (Bull.) Gray**

- **分类地位**　伞菌纲Agaricomycetes、伞菌目Agaricales、小菇科Mycenaceae
- **形态特征**　子实体小型；菌盖直径2~4cm，初期圆锥形，后期呈钟形或平展，中央凸起，表面平滑，灰色至灰褐色，有放射状条纹；菌褶离生，稀疏，近白色；菌柄长6~10cm，直径2~3mm，圆柱形，上下等粗，基部附有根状菌索，比菌盖颜色淡，有明显的纵条纹；菌肉薄，浅灰色；担孢子（9.5~12）μm×（6.5~8.5）μm，宽椭圆形，光滑，无色，淀粉质。
- **生　　境**　夏秋季生于阔叶林中枯枝落叶上，丛生。
- **价　　值**　食毒不明。
- **分　　布**　中国温带地区。
- **标 本 号**　AF3446

沟柄小菇

洁小菇
***Mycena pura* (Pers.) P. Kumm.**

▪**分类地位**　伞菌纲Agaricomycetes、伞菌目Agaricales、小菇科Mycenaceae

▪**形态特征**　子实体小型；菌盖直径2~4cm，扁半球形，后伸展，淡紫色，中间色深，湿润，边缘具
条纹；菌褶淡紫色，较密，直生或近弯生，往往褶间具横脉，不等长；菌柄近柱形，
（3~5）cm×（0.3~0.7）cm，同菌盖颜色或稍淡，光滑，空心，基部往往具绒毛；菌
肉淡紫色，薄；担孢子无色，光滑，椭圆形，（6.4~7.5）μm×（3.5~4.5）μm；具囊
状体。

▪**生　　境**　夏秋季生于林中地上、腐枝层或腐木上，丛生、群生或单生。

▪**价　　值**　报道可食药用，也有报道有毒。

▪**分　　布**　黑龙江、四川、山西、新疆、西藏。

▪**标 本 号**　AF626，AF628，AF640，AF1020，AF1057，AF1525，AF2342，AF3404，AF3531

蒜头状微菇
Mycetinis scorodonius (Fr.) A.W. Wilson & Desjardin

▪分类地位	伞菌纲Agaricomycetes、伞菌目Agaricales、类脐菇科Omphalotaceae
▪别　　名	蒜味皮伞
▪形态特征	子实体小型；菌盖直径1~2.5cm，幼时半球形，成熟后逐渐平展，边缘稍向内弯曲，具放射状褶皱，光滑，黄褐色至带红色，颜色逐渐变淡；菌褶直生，较窄，稍稀疏，常分叉，色淡至肉粉色；菌柄有或不明显；菌肉薄，近白色至黄白色，子实体具有较明显的蒜味；担孢子（7~9）μm×（3~5）μm，长椭圆形，光滑，无色，淀粉质。
▪生　　境	夏季生于针叶林中地上，腐殖质或植物残体上，群生。
▪价　　值	食毒不明。
▪分　　布	中国东北地区及西藏。
▪标 本 号	AF4186

白棱孔菌

Neofavolus cremeoalbidus **Sotome & T. Hatt.**

- **▪分类地位** 伞菌纲Agaricomycetes、多孔菌目Polyporales、多孔菌科Polyporaceae
- **▪形态特征** 子实体小型；菌盖肾形至扇状，扁平，从基部到边缘1.5～3.5cm，直径2～5cm，厚可达5mm，表面无毛，无条纹或微放射状条纹，新鲜时白色至浅棕色，干燥后棕橙色至灰橙色，边缘锐尖，光滑；菌孔表面白色至奶油色，棱状；菌肉坚韧，在干燥条件下易碎，白色；菌柄有或无；担孢子（8～12）μm×（3～4）μm，圆柱形，透明，非淀粉质。
- **▪生　境** 夏秋季生于枯树桩、树枝上，群生。
- **▪价　值** 食毒不明。
- **▪分　布** 西藏。
- **▪标 本 号** AF3145

三河新棱孔菌
***Neofavolus mikawae* (Lloyd) Sotome & T. Hatt.**

▪ 分类地位　　伞菌纲Agaricomycetes、多孔菌目Polyporales、多孔菌科Polyporaceae

▪ 形态特征　　子实体小型至中等大；菌盖扇形或近圆形，中部下凹或呈漏斗形，直径可达8cm，土黄色，粗糙，边缘具不明显条纹，波状；菌孔口表面淡黄色至黄褐色，圆形至椭圆形，每毫米3~4个；菌柄黄色，长可达3cm；菌肉白色，木栓质；担孢子（9.2~10.2）μm×（3.2~4）μm，圆柱形，薄壁，光滑，非淀粉质。

▪ 生　　境　　夏秋季单生或聚生于阔叶树落枝上，一年生。

▪ 价　　值　　食毒不明。

▪ 分　　布　　中国华中、华南地区及西藏。

▪ 标 本 号　　AF3282

鳞棱孔菌

Neofavolus squamatus J.H. Xing, J.L. Zhou & B.K. Cui

- **分类地位** 伞菌纲Agaricomycetes、多孔菌目Polyporales、多孔菌科Polyporaceae
- **形态特征** 子实体小型；菌盖近圆形，向菌柄部凹陷，从基部到边缘长1.1~2.7cm，宽3~3.8cm，厚可达3mm，菌盖表面新鲜时白色带肉粉色，干燥时米色至浅黄色，被有小鳞片；菌孔表面白色至乳白色，呈棱角状；菌肉白色，新鲜时柔软革质，干燥时软木质；菌柄的一侧下延，短柄，无毛，新鲜时为白色，干燥后为浅黄色；担孢子无色，（8.9~12）μm×（3.1~4.1）μm，圆柱形，透明，薄壁，光滑。
- **生　　境** 夏秋季生于林中枯枝上，群生。
- **价　　值** 食毒不明。
- **分　　布** 西藏。
- **标　本　号** AF3392

洁丽新韧伞

Neolentinus lepideus (Fr.) Redhead & Ginns

- **分类地位** 伞菌纲Agaricomycetes、褐褶菌目Gloeophyllales、黏褶菌科Gloeophyllaceae
- **别　　名** 洁丽香菇、豹皮香菇、豹皮菇
- **形态特征** 子实体中等至大型；菌盖直径5~16cm，半球形至平展，乳白色，表面被有黄褐色或淡黄色大鳞片，边缘钝，有时开裂或波状；菌褶表面白色至奶油色，干后黄褐色，直生或延生至菌柄，宽，稍稀，不等长，褶缘锯齿状；菌柄长4~7cm，直径0.8~3cm，偏生，近圆柱形，上部奶油色至浅黄色，基部浅褐色，有褐色至黑褐色鳞片；菌肉白色至奶油色，干后软木质；担孢子无色，（9~13）μm×（3.5~5.5）μm，近圆柱形，薄壁。
- **生　　境** 夏秋季生于针叶树的腐木上，近丛生。
- **价　　值** 可食用，也有报道有毒。
- **分　　布** 中国广泛分布。
- **标 本 号** AF3100，AF3123，AF3432，AF3480，AF3485，AF3534，AF3705

141　大孢花褶伞

Panaeolus papilionaceus (Bull.) Quél.

- **分类地位**　伞菌纲Agaricomycetes、伞菌目Agaricales、假球壳科Galeropsidaceae
- **别　　名**　蝶形斑褶菇
- **形态特征**　子实体小型；菌盖直径4cm，半球形至近钟形，表面灰褐色，顶部红褐色，被有白色绒毛，边缘附有白色菌幕残片；菌褶稍密，直生，不等长，并有黑、灰色相间的花斑，褶缘近白色或同菌盖颜色，下部褐色，空心；菌柄细长，棕灰色，上部色浅；菌肉污白色，薄；担孢子黑色，柠檬形，（11～22）μm×（8～12）μm；具有囊状体。
- **生　　境**　春秋季生于粪和粪肥地上，单生或群生。
- **价　　值**　有毒。
- **分　　布**　山西、新疆、西藏。
- **标 本 号**　AF2972，AF3042

紧缩花褶伞
Panaeolus sphinctrinus (Fr.) Quél.

- **分类地位**　伞菌纲Agaricomycetes、伞菌目Agaricales、假球壳科Galeropsidaceae
- **形态特征**　子实体小型；菌盖直径2～4cm，初期锥形，后近钟形，顶部稍凸，浅灰褐色，潮湿时色更深，中部暗褐色，表面光滑，边缘往往附有白色或污白色菌幕残片，常开裂；菌褶初期灰色后变黑色，直生；菌柄细长，长6～12cm，粗0.2～0.3cm，圆柱形，顶部灰白色，有条纹，下部带灰褐色，空心；菌肉淡灰色，薄；担孢子黑色，光滑，近似柠檬形，（13～19）μm×（9～12）μm；具有囊状体。
- **生　　境**　春季至秋季生于草地或粪上，单生或群生。
- **价　　值**　有毒。
- **分　　布**　中国华中、华南地区及西藏。
- **标 本 号**　AF3170，AF3173，AF4427

紧缩花褶伞

鳞皮扇菇

Panellus stipticus (Bull.) P. Karst.

▪ 分类地位	伞菌纲Agaricomycetes、伞菌目Agaricales、小菇科Mycenaceae
▪ 别　　名	止血扇菇
▪ 形态特征	子实体小型；菌盖直径1～3cm，呈半圆形或肾形，边缘轮廓不规则形，有时呈撕裂或波状，表面有细绒毛，老后具褶皱或龟裂纹，棕色至淡黄棕色；菌褶直生，密，常分叉，褶间有横脉，白色至淡黄棕色；菌柄侧生，短，基部渐细，淡肉桂色；菌肉白色、淡黄色或稍褐色，幼时为肉质，老后为革质；担孢子（4～6）μm×（2～2.5）μm，椭圆形，光滑，无色，淀粉质。
▪ 生　　境	春至秋季群生于阔叶树树桩、树干及枯枝上，群生。
▪ 价　　值	可药用。
▪ 分　　布	中国广泛分布。
▪ 标 本 号	AF3097，AF3147，AF4199

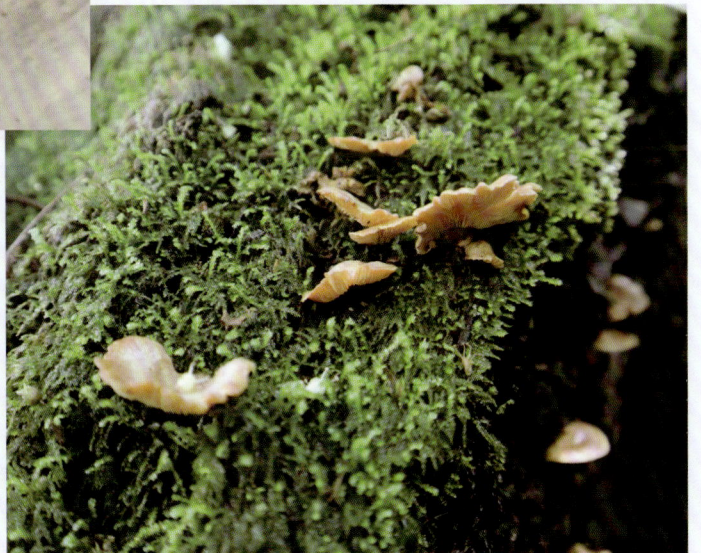

贝壳状革耳

***Panus conchatus* (Bull.) Fr.**

▪分类地位　　伞菌纲Agaricomycetes、多孔菌目Polyporales、革耳科Panaceae

▪形态特征　　子实体小型至中等大；菌盖直径4～7cm，平展至中凹，最后杯形或贝壳状，表面黄褐色或肉褐色，盖缘薄，内卷，波状或浅裂，被绒毛；菌褶常延生，淡紫色，边缘粉红色；菌柄长1cm，直径0.6cm，偏生至近侧生，短，圆柱形，实心，表面开始紫色，后褪至灰白色，被短绒毛至短糙硬毛；菌肉薄，韧革质；担孢子（5.4～6.7）μm×（2.8～3.5）μm，椭圆形至短圆柱形，光滑，无色。

▪生　　境　　夏秋季生于林中树桩、腐木上，丛生。

▪价　　值　　食药用。

▪分　　布　　中国广泛分布。

▪标 本 号　　AF2609，AF3067，AF3707

卷边桩菇
***Paxillus involutus* (Batsch) Fr.**

- **分类地位** 伞菌纲Agaricomycetes、牛肝菌目Boletales、桩菇科Paxillaceae
- **别　　名** 卷边网褶菌
- **形态特征** 子实体中等至大型；菌盖直径5～15cm，最大达20cm，初扁半球形，后渐平展，中部下凹或漏斗状，浅土黄色带褐色调，湿润时稍黏，表面初期有细绒毛，老后绒毛减少至近光滑，受伤处变褐色，边缘内卷，有条纹；菌褶浅黄绿色，受伤变暗褐色，较密，延生，不等长，靠近菌柄部分的菌褶间连接成网状；菌柄同菌盖颜色，往往偏生，（4～8）cm×（1～2.7）cm，实心，基部稍膨大；菌肉浅黄色，较厚；担孢子锈褐色，椭圆形，光滑，（6～10）μm×（4.5～7）μm；具有囊状体。
- **生　　境** 春末至秋季生于杨树等阔叶林地上，群生、丛生或散生。
- **价　　值** 谨慎食用。
- **分　　布** 中国广泛分布。
- **标 本 号** AF2538，AF2558，AF2568，AF2851，AF2865，AF2884，AF2912

东方桩菇

Paxillus orientalis Gelardi, Vizzini, E. Horak & G. Wu

▪分类地位　伞菌纲Agaricomycetes、牛肝菌目Boletales、桩菇科Paxillaceae

▪形态特征　子实体中等大；菌盖直径4~6cm，浅漏斗形，中央下凹，边缘内卷，淡灰褐色，被褐色鳞片；菌褶延生，密，污白色至肉桂色，伤后变灰褐色；菌柄（2~5）cm×（0.5~1.5）cm，圆柱形，淡灰色至淡褐色，被绒毛；菌肉污白色；担孢子（6~8）μm×（4~5）μm，宽椭圆形至卵形，光滑，薄壁，浅锈褐色。

▪生　　境　夏秋季生于针阔混交林中地上，单生或群生。

▪价　　值　有毒。

▪分　　布　中国华中地区及西藏。

▪标　本　号　AF3278，AF3317，AF3322

冷杉暗锁瑚菌
Phaeoclavulina abietina (Pers.) Giachini

- **分类地位**　伞菌纲Agaricomycetes、钉菇目Gomphales、钉菇科Gomphaceae
- **形态特征**　子实体中等大，高5~7.5cm，宽3~5cm；菌柄（0.5~1.5）cm×（1~2）cm，较粗壮，从基质中的菌丝束中发出，分叉为数个分枝，上部浅黄褐色，下部色浅，伤后变蓝绿色，主枝长1~4cm，直径0.5~1cm，黄褐色，分枝3~5次，枝顶钝，二叉分枝或多歧分枝，黄褐色，伤后变蓝绿色；担孢子（7~9）μm×（3.5~4.5）μm，卵圆形，有小刺。
- **生　　境**　夏秋季生于针叶林中落叶层上，单生或丛生。
- **价　　值**　食毒不明。
- **分　　布**　中国东北、西北地区及西藏。
- **标 本 号**　AF3427

栗褐暗孔菌

Phaeolus schweinitzii (Fr.) Pat.

- ▪ 分类地位　　伞菌纲Agaricomycetes、多孔菌目Polyporales、绚孔菌科Laetiporaceae
- ▪ 别　　名　　施魏暗孔菌
- ▪ 形态特征　　子实体大型；菌盖近圆形，直径可达25cm，基部厚可达2cm，表面幼嫩时黄色，成熟时黄褐色，干后暗红褐色，具明显的同心圆，边缘钝，波状；菌肉肉质至干酪质，厚可达1cm，暗褐色；菌孔口表面幼嫩时橘黄色，成熟时黄褐色，伤后变为暗褐色，干后变为黑褐色；菌柄中生或侧生，新鲜时纤维质，干后暗红褐色，长可达7cm，直径可达2cm；担孢子（6~9）μm×（4~5）μm，椭圆形，无色，薄壁，光滑，非淀粉质。
- ▪ 生　　境　　春季至秋季生于多种针叶树的基部和倒木上，覆瓦状叠生。
- ▪ 价　　值　　食毒不明。
- ▪ 分　　布　　中国温带地区。
- ▪ 标 本 号　　AF3517

149 白鬼笔
Phallus impudicus L.

▪**分类地位**　伞菌纲Agaricomycetes、鬼笔目Phallales、鬼笔科Phallaceae

▪**形态特征**　子实体中等大，幼时卵圆形，富有弹性，外包被白色，基部有白色至灰白色根状菌索，成熟后菌盖和菌柄逐渐伸出外包被；菌盖圆锥形，被橄榄色孢体，老后消失；菌柄长10~15cm，上部粉红色，向下颜色渐淡，有蜂窝状脉纹；担孢子（4~5）μm×（1.5~2.5）μm，椭圆形，光滑，内部有2个油滴，褐色。

▪**生　　境**　夏季散生于林中地上或草地上，单生或散生。

▪**价　　值**　食药用。

▪**分　　布**　中国广泛分布。

▪**标 本 号**　AF1012

多脂鳞伞
Pholiota adiposa (Batsch) P. Kumm.

▪**分类地位**　伞菌纲Agaricomycetes、伞菌目Agaricales、球盖菇科Strophariaceae

▪**别　　名**　柳蘑、黄蘑、黄伞

▪**形态特征**　子实体中等大；菌盖直径3~12cm，初扁半球形，边缘常内卷，后渐平展，表面浅黄色，黏，被有褐色平伏状鳞片，中间鳞片较密，边缘内卷；菌褶淡黄色至锈褐色，直生或近弯生，稍密，不等长；菌柄（5~15）cm×（0.5~3）cm，圆柱形，与菌盖同色，有褐色反卷的鳞片，黏，下部常弯曲，实心；菌环浅黄色，膜质，生于柄之上部，易脱落；担孢子锈色，椭圆形或长椭圆形，光滑，（7.5~9.5）μm×（5~6.3）μm；具有囊状体。

▪**生　　境**　秋季生于活树或腐木的树干上，单生或丛生。

▪**价　　值**　食药用。

▪**分　　布**　中国广泛分布。

▪**标 本 号**　AF1503，AF2905，AF3032，AF3186

烧地锈伞
Pholiota carbonaria (Fr.) Singer

- **分类地位** 伞菌纲Agaricomycetes、伞菌目Agaricales、球盖菇科Strophariaceae
- **形态特征** 子实体小型；菌盖直径2～6cm，扁球形至近平展，黄褐色至茶褐色，中间色深，具浅色小鳞片，湿时黏，边缘有明显条纹，上翘；菌褶污白黄色至褐色，直生，较密，不等长；菌柄（1.5～5）cm×（0.3～0.4）cm，较盖色浅，下部浅黄色，被褐色纤毛状鳞片，内部松软至中空；菌环丝膜状，后消失；菌肉白色带黄，近表皮处带褐色；担孢子黄色，光滑，椭圆形，（6.5～8）μm×（3.3～4.5）μm；具有囊状体。
- **生　境** 夏秋季生于林中腐殖质上，群生。
- **价　值** 可食用。
- **分　布** 西藏、云南、宁夏。
- **标 本 号** AF460

黏环鳞伞
Pholiota lenta (Pers.) Singer

- **分类地位**　伞菌纲Agaricomycetes、伞菌目Agaricales、球盖菇科Strophariaceae
- **别　　名**　黏鳞伞
- **形态特征**　子实体中等大；菌盖直径3～8cm，初期半球形，后期平展，中部下凹，表面黏，黄褐色，中部颜色较深，边缘波状；菌褶弯生至直生，密，白色至淡黄色，边缘白色；菌柄（4～8）cm×（0.4～1.2）cm，圆柱形，中生，基部膨大，菌环以上具白色粉粒，菌环以下白色或带黄褐色，表面具白色棉絮状鳞片，内部实心至松软；菌环中上位，白色，易消失；菌肉致密，带白色至浅黄色；担孢子（5～6.7）μm×（3～4.5）μm，椭圆形，光滑，芽孔微小，黄褐色。
- **生　　境**　夏秋季生于林中腐枝层或腐木上，群生或丛生。
- **价　　值**　食药用。
- **分　　布**　中国东北地区及西藏。
- **标 本 号**　AF1086

黏皮鳞伞
Pholiota lubrica (Pers.) Singer

▪**分类地位**　伞菌纲Agaricomycetes、伞菌目Agaricales、球盖菇科Strophariaceae

▪**形态特征**　子实体中等大；菌盖直径4～7cm，初期扁半球形至半球形，后期平展，中部凸起，湿润时胶黏，中部红褐色，边缘土黄色，具不明显条纹；菌褶弯生、直生至稍延生，密，初期淡色，后期赭色；菌柄长5～8cm，直径4～6mm，圆柱形，基部渐细，黄褐色，表面具鳞片，纤维质，实心；菌环上位，丝膜状，污白色，易脱落；菌肉灰白色，表皮下带黄色，中部厚，坚韧；担孢子（6～7.5）μm×（3～4）μm，椭圆形，光滑，芽孔微小，淡黄褐色。

▪**生　　境**　秋季生于针阔混交林中腐枝层或腐木上，群生。

▪**价　　值**　食毒不明。

▪**分　　布**　中国温带地区。

▪**标 本 号**　AF1035，AF1063，AF4286

小孢鳞伞
Pholiota microspora (Berk.) Sacc.

- **分类地位** 伞菌纲Agaricomycetes、伞菌目Agaricales、球盖菇科Strophariaceae
- **别　　名** 滑菇、滑子蘑、光帽鳞伞
- **形态特征** 子实体小型至中等大；菌盖直径2~8cm，初期扁半球形，后期平展，表面初期红褐色，后期黄褐色，光滑，覆有一层胶黏液，边缘薄，内卷，具条纹；菌褶直生，稠密，边缘波状，初期灰色，后期锈色；菌柄（2~8）cm×（0.3~1.3）cm，圆柱形，等粗，菌环以上污白色带淡褐色，具丝状纤维，菌环以下与菌盖近同色，光滑黏，实心或稍空心；菌环上位，膜质，薄，胶黏，易脱落；菌肉中央厚，初期淡黄色至黄色，后期肉桂色；担孢子（5~6）μm×（3~4）μm，椭圆形至卵圆形，光滑，芽孔微小，薄壁，锈褐色。
- **生　　境** 夏秋季生于阔叶树倒木或伐桩上，丛生或群生。
- **价　　值** 可食用。
- **分　　布** 中国温带地区。
- **标 本 号** AF3118，AF3138，AF3154

光帽鳞伞

Pholiota nameko (T. Ito) S. Itô & Imai

▪**分类地位**　伞菌纲Agaricomycetes、伞菌目Agaricales、球盖菇科Strophariaceae

▪**别　　名**　小孢鳞伞、滑菇、滑子蘑、光滑环锈伞

▪**形态特征**　子实体小至中等大；菌盖直径3~10cm，初期扁半球形，后近扁平，初期红褐色，后黄褐色至浅黄褐色，中部色深，表面平滑至有一层黏液，被有黄褐色鳞片，中间密，边缘渐稀，边缘条纹；菌褶锈色，直生又延生，密，宽，不等长，边缘红褐色；菌柄（2.5~8）cm×（0.4~1.5）cm，圆柱形，向下渐粗，红褐色，被有鳞片，内部实心至空心；菌环膜质，生于菌柄上部，黏性，易脱落；菌肉白黄色至较深色，近表皮下带红褐色，中部厚；担孢子浅黄色，光滑，卵圆形，（5.8~6.4）μm×（2.8~4）μm；具有囊状体。

▪**生　　境**　秋季生于阔叶树倒木、树桩上，丛生和群生。

▪**价　　值**　食药用。

▪**分　　布**　广西、西藏。

▪**标 本 号**　AF3138

泡状鳞伞
Pholiota spumosa (Fr.) Singer

- **分类地位** 伞菌纲Agaricomycetes、伞菌目Agaricales、球盖菇科Strophariaceae
- **别　　名** 黄黏锈伞、黄黏皮伞、泡状火菇
- **形态特征** 子实体小型至中等大；菌盖直径2.5～7.5cm，扁半球形至稍平展，湿润时黏，黄色，中部黄褐色，边缘色浅，盖缘常附有菌环残物；菌褶直生，稀疏，不等长，浅黄色至黄褐色；菌柄稍细长，（4～8）cm×（0.3～0.6）cm，上部黄白色，下部带褐色，内部空心；菌肉带黄色；担孢子椭圆形，光滑，带黄色，（6～8）μm×（4～5）μm；具有囊状体。
- **生　　境** 夏秋季生于林中地上及倒腐木上，丛生。
- **价　　值** 可食用。
- **分　　布** 中国温带地区。
- **标 本 号** AF579，AF2709，AF4417

泡状鳞伞

翘鳞伞
Pholiota squarrosa (Vahl) P. Kumm.

- **分类地位** 伞菌纲Agaricomycetes、伞菌目Agaricales、球盖菇科Strophariaceae
- **别　　名** 翘鳞环锈伞
- **形态特征** 子实体中等大；菌盖直径2.5～10cm，半球形至扁半球形，最后稍平展，表面干燥，土黄色或黄褐色，具有带红褐色反卷或翘起的鳞片，边缘有菌幕残物；菌褶直生，密，不等长，浅黄色至红褐色、暗锈色；菌柄长4～10cm，近圆柱形，靠近基部渐细，表面同盖色，具反卷鳞片；菌环膜质，生于柄之上部；菌肉稍厚，淡黄色；担孢子椭圆至卵圆形，光滑，近锈色，（6～8）μm×（4.5～6）μm；具有囊状体。
- **生　　境** 夏秋季生于树林中的倒木、树桩基部，丛生。
- **价　　值** 有毒。
- **分　　布** 中国温带地区。
- **标 本 号** AF576，AF587，AF2557

翘鳞伞

糙皮侧耳

Pleurotus ostreatus (Jacq.) P. Kumm.

- **分类地位** 伞菌纲Agaricomycetes、伞菌目Agaricales、侧耳科Pleurotaceae
- **别　　名** 平菇、北风菌、青蘑、桐子菌、侧耳
- **形态特征** 子实体中等至大型；菌盖直径5～21cm，白色至浅黄褐色，有纤毛，水浸状，扁半球形，后平展，边缘薄，色浅，波状；菌褶白色，稍密至稍稀，延生；菌柄侧生，短或无，内实，白色，（1～3）cm×（1～2）cm，基部常有绒毛；菌肉白色，厚；担孢子光滑，无色，近圆柱形，（7～10）μm×（2.5～3.5）μm。
- **生　　境** 冬春季生于阔叶树腐木上，覆瓦状丛生。
- **价　　值** 食药用。
- **分　　布** 中国广泛分布。
- **标 本 号** AF2298，AF2829，AF2873，AF3044，AF3047

肺形侧耳
Pleurotus pulmonarius (Fr.) Quél.

- **分类地位**　伞菌纲Agaricomycetes、伞菌目Agaricales、侧耳科Pleurotaceae
- **形态特征**　子实体中等大；菌盖直径4～8cm，可达10cm，扁半球形至平展，肾形或近扇形，表面光滑，白色、灰白色至灰黄色，边缘平滑或稍呈波状；菌褶白色，稍密，延生，不等长；菌柄很短或无，白色，有绒毛，后期近光滑，内部实心至松软；菌肉白色，靠近基部稍厚；担孢子无色透明，光滑，近圆柱形，（8.1～10.7）μm×（3～5.1）μm。
- **生　境**　夏秋季生于阔叶树倒木、枯树干或桩上，丛生。
- **价　值**　食药用。
- **分　布**　河南、陕西、广西、广东、新疆、西藏。
- **标 本 号**　AF3346

黎明光柄菇

Pluteus eos **Justo & E.F. Malysheva**

▪**分类地位** 伞菌纲Agaricomycetes、伞菌目Agaricales、光柄菇科Pluteaceae

▪**形态特征** 子实体中等大；菌盖直径2～5cm，幼时半球形或钟状，表面光滑或放射状纤维，中心有深褐色或深红褐色鳞片，微黏，边缘光滑或稍具半透明条纹；菌褶密，离生，宽可达8mm，粉红色，具着色的边缘但不均匀；菌柄（3～6.5）cm×（0.3～1.5）cm，圆柱形，基部稍膨大，表面白色，光滑或具纵向棕色或灰褐色条纹，有时形成小鳞片；担孢子（6.5～9）μm×（4.5～6.5）μm，椭圆形，光滑。

▪**生　　境** 夏秋季生于针叶林或混交林腐木上，单生或群生。

▪**价　　值** 食毒不明。

▪**分　　布** 中国温带地区。

▪**标　本　号** AF3714

黎明光柄菇

161 波扎里光柄菇
Pluteus pouzarianus Singer

▪**分类地位** 伞菌纲Agaricomycetes、伞菌目Agaricales、光柄菇科Pluteaceae

▪**形态特征** 子实体小型至中等大；菌盖直径3.5～4.5cm，初期近钟形或扁半球形，后渐平展，有时中部稍突，灰棕色至深褐色，有时带粉红色，边缘颜色淡，具条纹，表面近光滑；菌褶较密，离生，不等长，初期白色，后变成粉红色；菌柄长5～7cm，直径6～9mm，圆柱形，白色，从下向上渐有纵褐色条纹；菌肉白色，厚，无气味；担孢子（6～8）μm×（4～5.5）μm，椭圆形至卵形，光滑，淡粉红色。

▪**生　　境** 夏秋季生于针叶林中腐木上，散生或簇生。

▪**价　　值** 食毒不明。

▪**分　　布** 中国东北地区及西藏。

▪**标 本 号** AF3127

暗紫光柄菇

Pluteus purpureofuscus Jiang Xu, T.H. Li & Z.W. Ge

- ▪ 分 类 地 位　伞菌纲Agaricomycetes、伞菌目Agaricales、光柄菇科Pluteaceae
- ▪ 别　　　名　紫褐光柄菇
- ▪ 形 态 特 征　子实体中等大；菌盖直径4～6cm，近圆锥形至平展，表面紫色至暗紫色，有明显放射状
纤维，边缘色浅，无条纹；菌褶离生，幼时白色，变粉红色，密集，菌褶边缘轻微侵
蚀；菌柄（50～70）mm×（4～7）mm，圆柱形到近圆柱形，中央，具稍膨大的基部，
弯曲，淡紫棕色，纵向具条纹，稍短柔毛或具纤维，实心；菌肉为白色，受伤时不变；
担孢子（6～8）μm×（5～6）μm，淡粉色，宽椭球形至椭球形，光滑，壁稍厚。
- ▪ 生　　　境　夏秋季生于林中腐木或腐树根上，多为单生。
- ▪ 价　　　值　食毒不明。
- ▪ 分　　　布　四川、西藏。
- ▪ 标　本　号　AF3195

北方光柄菇

Pluteus rangifer **Justo, E.F. Malysheva & Bulyonk.**

▪ 分类地位　　伞菌纲Agaricomycetes、伞菌目Agaricales、光柄菇科Pluteaceae

▪ 形态特征　　子实体中等大；菌盖直径2.5~13cm，幼时半球形或钟状，至平展，中间稍凸，中心有小鳞片，表面光滑到放射状纤维，通常具有光泽，深棕色或灰褐色，潮湿时干燥或微黏，边缘光滑或具半透明条纹；菌褶密，离生，幼时白色，后期粉红色，有均匀或白色絮状的边缘；菌柄（3~9）cm×（0.5~1.2）cm，圆柱形，基部稍宽，表面白色，被深灰棕色纤维；菌肉白色；担孢子（6~8.5）μm×（4.5~6.5）μm，椭圆形或宽椭球体，淡粉色；具有囊状体。

▪ 生　　境　　夏秋季单生于被子植物的腐木上，单生或散生。

▪ 价　　值　　食毒不明。

▪ 分　　布　　西藏。

▪ 标 本 号　　AF3214

香波斯特孔菌
Postia balsamea (Peck) Jülich

- **分类地位** 伞菌纲Agaricomycetes、多孔菌目Polyporales、耳壳菌科Dacryobolaceae
- **形态特征** 子实体小型；菌盖扇形，外伸可达3cm，宽可达5cm，基部厚可达6mm，表面奶油色至淡黄褐色，光滑或具凸起，具不明显的同心环带，边缘锐，波状；菌孔表面新鲜时奶油色，干后浅褐色，圆形；菌肉新鲜时乳白色，脆革质，厚可达2mm；担孢子（4~6）μm×（2~3）μm，长椭圆形至椭圆形，无色，薄壁，光滑，非淀粉质。
- **生　　境** 秋季生于针叶树上，覆瓦状叠生。
- **价　　值** 食毒不明。
- **分　　布** 中国东北地区和青藏高原地区。
- **标 本 号** AF4390

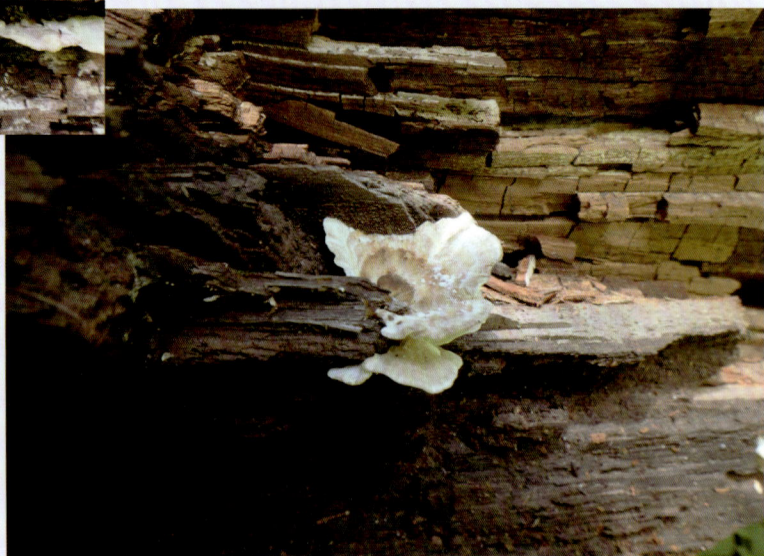

柄生波斯特孔菌
Postia stiptica (Pers.) Jülich

- **分类地位**　伞菌纲Agaricomycetes、多孔菌目Polyporales、耳壳菌科Dacryobolaceae
- **别　　名**　柄生泊氏孔菌
- **形态特征**　子实体中等大；菌盖半圆形，长可达6cm，宽可达10cm，新鲜时表面白色至奶油色，带浅黄色，边缘钝，干后不内卷；菌孔口表面新鲜时乳白色，干后乳黄色至污黄色圆形；菌肉奶油色，肉质至革质或硬骨质，厚，口感非常苦；担孢子（3.8~4.7）μm×（1.7~2）μm，长椭圆形，无色，薄壁，光滑，非淀粉质。
- **生　　境**　夏秋季生于针叶树上，单生或覆瓦状叠生。
- **价　　值**　食毒不明。
- **分　　布**　中国东北地区及西藏。
- **标 本 号**　AF3620

白黄小脆柄菇

Psathyrella candolleana (Fr.) A.H. Smith

- **分类地位** 伞菌纲Agaricomycetes、伞菌目Agaricales、小脆柄菇科Psathyrellaceae
- **别　　名** 黄盖小脆柄菇
- **形态特征** 子实体小型；菌盖直径3～7cm，初期钟形，后伸展常呈斗笠状，表面浅黄色至褐色，中间黄褐色，被有白色小颗粒，边缘色浅，有放射状条纹，边缘开裂，常常水浸状，幼时盖缘附有白色菌幕残片，后渐脱落；菌褶灰白至灰褐色，直生，较窄，密，不等长；菌柄细长，（3～8）cm×（0.2～0.7）cm，圆柱形，向下渐粗，浅褐色，质脆易断，被白色絮状鳞片，中空；菌肉白色，较薄；担孢子光滑，紫褐色，有芽孔，椭圆形，（6.5～9）μm×（3.5～5）μm；具有囊状体。
- **生　　境** 夏秋季生于林中、草地上，群生或丛生。
- **价　　值** 可食用。
- **分　　布** 中国广泛分布。
- **标 本 号** AF1458，AF1468，AF1600，AF4211，AF4357

白黄小脆柄菇

167 假杯伞

Pseudoclitocybe cyathiformis **(Bull.) Sing.**

- **分类地位**　　伞菌纲Agaricomycetes、伞菌目Agaricales、假杯伞科Pseudoclitocybaceae
- **别　　名**　　灰假杯伞
- **形态特征**　　子实体中等大；菌盖直径3~7cm，初期半球形，后呈杯状或浅漏斗状，灰黄色至棕灰色，光滑，初期菌盖边缘明显内卷；菌褶浅黄褐色，延生，稀，窄，不等长；菌柄细长，（4~7）cm×（0.4~0.8）cm，圆柱状，有时弯曲，表面黄褐色，有明显纵向条纹，被有细小白色绒毛，内部松软；菌肉较盖色浅，松软，薄；担孢子无色，光滑，卵圆至椭圆形，（7.6~10）μm×（4.5~6.1）μm。
- **生　　境**　　夏秋季生于林中地上或腐朽后的倒木上，散生或群生。
- **价　　值**　　可食用。
- **分　　布**　　中国温带地区。
- **标 本 号**　　AF4397，AF4410

168 胶质刺银耳
Pseudohydnum gelatinosum (Scop.) P. Karst.

- **分类地位** 伞菌纲Agaricomycetes、木耳目Auriculariales、未定科Incertae sedis
- **别　　名** 虎掌菌、胶虎掌菌、虎掌刺银耳、胶质假齿菌
- **形态特征** 子实体小型至中等大；菌盖直径1～7cm，贝壳形至近半圆形，胶质，不黏，表面光滑，具白色至透明小绒毛，透明，白色、浅灰色或暗褐色；菌柄（0.5～1）cm×（0.8～1.2）cm，侧生，胶质，光滑，近白色；子实层针状，软，有韧性；担孢子（4.8～7.4）μm×（4.3～7）μm，球形，光滑，无色。
- **生　　境** 夏秋季生于针叶树腐木及树桩上，单生至群生。
- **价　　值** 食药用。
- **分　　布** 中国广泛分布。
- **标 本 号** AF2920

胶质刺银耳

喜马拉雅假齿菌

Pseudohydnum himalayanum Y.C. Dai, F. Wu & H.M. Zhou

▪**分类地位**　伞菌纲Agaricomycetes、木耳目Auriculariales、未定科Incertae sedis

▪**形态特征**　子实体小型；菌盖贝壳形至近半圆形，宽可达2.5cm，长3.8cm，表面浅灰色；菌肉胶状，半透明；菌柄侧生，与表面共色，新鲜时半透明，干燥时可达2.5cm，直径3mm；子实层针状，软，有韧性，长1～3mm；担孢子（7～8.5）μm×（6～7.2）μm，宽椭球形至近球形，透明，薄壁。

▪**生　　境**　夏秋季生于冷杉的腐木上，丛生或群生。

▪**价　　值**　食毒不明。

▪**分　　布**　云南、西藏。

▪**标 本 号**　AF997，AF798，AF3628

变绿枝瑚菌
Ramaria abietina (Pers.) Quél.

- **分类地位** 伞菌纲Agaricomycetes、钉菇目Gomphales、钉菇科Gomphaceae
- **形态特征** 子实体小型至中等大，高4~10cm，宽达4cm，多分枝，土黄色至黄褐色，表面光滑，有不规则白色鳞片，基部有白色绒毛，受伤处变青绿色；菌柄短或几无，（1.5~2.5）cm×（0.3~0.8）cm，枝细长，不规则，密集，1~3次分叉，内软；菌肉浅黄色；担孢子淡锈色，有小疣，椭圆形，（6~9）μm×（3.5~5）μm。
- **生　　境** 夏秋季生于云杉、冷杉等针叶林地腐枝层上，丛生或群生。
- **价　　值** 可食用。
- **分　　布** 中国东北、华南及青藏地区。
- **标 本 号** AF3427，AF4577

密枝瑚菌
Ramaria stricta (Pers.) Quél.

- **分类地位**　伞菌纲Agaricomycetes、钉菇目Gomphales、钉菇科Gomphaceae
- **形态特征**　子实体中等大，高4~8cm，浅黄色，带浅紫色，顶端浅黄色，后呈紫色；菌柄（1~6）cm×（0.5~1）cm，浅黄色，基部有白色菌丝团或根状菌索，双叉分枝数次，形成直立、细而密的小枝，尖端有2~3齿；菌肉白或淡黄色，内实；菌肉浅黄色；担孢子无色，椭圆形，（7~9.6）μm×（4~5）μm。
- **生　　境**　夏秋季生于阔叶树的腐木或枝条上，群生。
- **价　　值**　可食用。
- **分　　布**　中国广泛分布。
- **标 本 号**　AF3540

廷德枝瑚菌

Ramaria thindii K. Das, Hembrom, A. Parihar & A. Ghosh

- **分类地位** 伞菌纲Agaricomycetes、钉菇目Gomphales、钉菇科Gomphaceae
- **形态特征** 子实体中等至大型，高可达20cm，表面湿润，光滑，污白色至淡黄色；菌柄大部分埋藏，直立，逐渐变窄变扁，具明显菌索；菌肉紧实至中空，内部坚韧糯质，污白色，擦伤时不变色；担孢子（8～11）μm×（3.5～5.5）μm，椭圆形，表面有明显小疣，具尖顶，淡黄色到透明，淀粉质。
- **生　　境** 夏秋季生于灌木丛地上，群生至单生。
- **价　　值** 食毒不明。
- **分　　布** 西藏。
- **标 本 号** AF3704

廷德枝瑚菌

乳酪状红金钱菌

Rhodocollybia butyracea **(Bull.) Lennox**

- **分类地位** 伞菌纲Agaricomycetes、伞菌目Agaricales、类脐菇科Omphalotaceae
- **别　　名** 乳酪金钱菌、乳酪小皮伞
- **形态特征** 子实体小型至中等大；菌盖直径3～7cm，初半球形，后平展或上卷，中央稍突，通常浅红褐色，中央颜色较深，边缘颜色渐浅至土黄色，有明显水浸状；菌褶直生至近离生，密，黄白色至污白色，不等长，边缘锯齿状；菌柄长4～8cm，直径3～8mm，圆柱形，基部膨大，淡黄色至土黄色，基部有黄白色至淡黄色细毛，空心，具纵向条纹；菌肉白色，薄；担孢子（5～7.5）μm×（3～4.5）μm，椭圆形，光滑，无色，非淀粉质。
- **生　　境** 夏秋季生于针叶林和针阔混交林中地上，单生或群生。
- **价　　值** 可食用。
- **分　　布** 中国温带地区。
- **标 本 号** AF578，AF1084，AF3486，AF3496，AF3505

斑盖红金钱菌

Rhodocollybia maculata (Alb. & Schwein.) Singer

- **分类地位**　伞菌纲Agaricomycetes、伞菌目Agaricales、类脐菇科Omphalotaceae
- **别　　名**　斑金钱菌
- **形态特征**　子实体中等大；菌盖直径6~10cm，扁半球形至近扁平，表面白色至土黄色，干燥，常有锈褐色斑点，有不明显同心圆，边缘幼时卷；菌褶直生或离生，白色或带黄色，密，窄，不等长，褶缘锯齿状，常带红褐色斑痕；菌柄（5~12）cm×（0.5~1.2）cm，细长，圆柱形，近基部常弯曲，表面上部同盖色，下部分色浅，具纵长条纹，软骨质；菌肉白色至土黄色；担孢子（6~7.6）μm×（4~6.5）μm，近球形，光滑，无色，非淀粉质。
- **生　　境**　夏秋季生于松林中腐枝层、腐木或地上，群生或近丛生。
- **价　　值**　可食用。
- **分　　布**　中国西北及青藏高原地区。
- **标 本 号**　AF3431

阿尤比亚红菇
Russula ayubiana M. Kiran & Khalid

- **分类地位** 伞菌纲Agaricomycetes、红菇目Russulales、红菇科Russulaceae
- **形态特征** 子实体小型至中等大；菌盖直径6～9cm，半球形至平展，中间稍凸，表面红褐色至紫红色，光滑，具条纹，有一层黏液，被有小颗粒；菌褶白色，等长，直生，淡黄色；菌柄白色，（5～7.5）cm×（1.2～1.5）cm，圆柱形，纵向具条纹，覆盖白霜，具褐黄色斑点；菌肉白色，实心，伤后黄褐色；担孢子（7.8～9.7）μm×（6.5～8.1）μm，椭圆形，无色，表面有小疣。
- **生　境** 夏秋季生于针叶树为主的混交林中地上，单生或群生。
- **价　值** 食毒不明。
- **分　布** 西藏。
- **标 本 号** AF3597

阿尤比亚红菇

致密红菇
Russula compacta Frost

▪**分类地位**　伞菌纲Agaricomycetes、红菇目Russulales、红菇科Russulaceae

▪**形态特征**　子实体中等大；菌盖直径6~10cm，扁球形，边缘伸展后中部下凹呈浅漏斗状，边缘明显波状，表面湿时黏，土黄色至浅红褐色；菌褶近离生，密，污白色，伤处变色；菌柄（3~6）cm×（1~2）cm，圆柱形，污白有纵条纹及花纹，内部松软至变空心；菌肉白色，伤处变红褐色，厚而硬；担孢子有细网纹，近球形，（8~9.5）μm×（7.5~8）μm；具有囊状体。

▪**生　　境**　夏秋季生于林中地上，单生或散生。

▪**价　　值**　可食用。

▪**分　　布**　贵州、海南、西藏。

▪**标 本 号**　AF3300

致密红菇

177 花盖红菇

Russula cyanoxantha (Schaeff.) Fr.

- **分类地位** 伞菌纲Agaricomycetes、红菇目Russulales、红菇科Russulaceae
- **别　　名** 花盖菇、蓝黄红菇
- **形态特征** 子实体中等至大型；菌盖直径5～14cm，初期扁半球形至平展，中部下凹至漏斗形，边缘波状上翘，表面橄榄绿色，后期常呈淡青褐色、绿灰色，光滑，湿后稍黏，边缘有明显条纹；菌褶直生至稍延生，白色，密，不等长；菌柄（5～10）cm×（1.5～3）cm，肉质，白色，有时下部呈粉色或淡紫色，内部松软；菌肉白色，厚；担孢子（7～8.5）μm×（6.5～7.5）μm，宽卵圆形至近球形，表面具小疣，无色，淀粉质。
- **生　　境** 夏秋季生于阔叶林中地上，散生至群生。
- **价　　值** 食药用。
- **分　　布** 中国东北、华中地区及西藏。
- **标 本 号** AF1109，AF2936，AF3594

美味红菇
Russula delica Fr.

▪ **分类地位**　伞菌纲Agaricomycetes、红菇目Russulales、红菇科Russulaceae

▪ **形态特征**　子实体中等至大型；菌盖直径3~16cm，初期凸镜形或扁半球形，后中部下凹至漏斗形，污白色，带有黄褐色调，有时具锈褐色斑点，表面光滑，不黏，边缘初期内卷，无条纹；菌褶延生，白色或土黄色，稍密，不等长；菌柄（2~6）cm×（1.5~4）cm，短粗，实心，上下等粗或向下渐细，伤不变色，表面白色至浅黄色，被白色小颗粒；菌肉厚，白色或近白色，伤不变色，气味宜人；担孢子（7.6~9.5）μm×（7~8.5）μm，卵圆形至近球形，无色，表面具小刺或小疣突，稍有网纹，近无色，淀粉质。

▪ **生　　境**　夏秋季生于针叶林或针阔混交林中地上，单生、散生或群生。

▪ **价　　值**　食药用。

▪ **分　　布**　中国温带地区。

▪ **标　本　号**　AF3715

可爱红菇
Russula grata Britzelm.

- **分类地位**　伞菌纲Agaricomycetes、红菇目Russulales、红菇科Russulaceae
- **别　　名**　拟臭黄菇
- **形态特征**　子实体中等至大型；菌盖直径3～15cm，初期扁半球形，后渐平展，中央下凹浅漏斗状，土黄色至黄褐色，表面黏，边缘有明显条纹；菌褶污白色，往往有污褐色或浅赭色斑点，直生至近离生，稍密；菌柄（3～14）cm×（1～1.5）cm，近圆柱形，内部松软，表面污白，带黄褐色斑点；菌肉污白色，松软；担孢子近无色，具刺棱，近球形，（8.5～13.5）μm×（7.5～10）μm；具有囊状体。
- **生　　境**　夏秋季生于阔叶林中地上，群生或单生。
- **价　　值**　食药用。
- **分　　布**　辽宁、河南、贵州、江西、四川、湖北、西藏。
- **标 本 号**　AF2974

卡特丽娜红菇
Russula katarinae Adamčík & Buyck

- **分类地位**　伞菌纲Agaricomycetes、红菇目Russulales、红菇科Russulaceae
- **形态特征**　子实体中等大；菌盖直径4～6cm，半球形至平展，表面深红褐色，中心有白霜，边缘色浅，成熟时表面有模糊的条纹，不黏，靠近边缘处有光泽；菌褶密，等长，弯生或直生，浅黄色；菌柄（4～5）cm×（1～1.6）cm，近圆柱形，基部稍粗，表面白色，有棕黄色条纹，内部海绵状；担孢子（7.6～8.5）μm×（6～7）μm，有网纹，淀粉质。
- **生　　境**　夏秋季生于混交林中地上，单生或群生。
- **价　　值**　食毒不明。
- **分　　布**　西藏。
- **标 本 号**　AF1017

深绿红菇
Russula nigrovirens Q. Zhao, Yang K. Li & J.F. Liang

- **分类地位** 伞菌纲Agaricomycetes、红菇目Russulales、红菇科Russulaceae
- **形态特征** 子实体中等至大型；菌盖直径5~10cm，幼时半球形至平凹，后常为漏斗状，表面光滑，有光泽，有时边缘开裂，灰色至灰绿色，边缘波状；菌褶直生，密，白色至乳黄色；菌柄（6~10）cm×（1~2.5）cm，圆柱形，向下渐粗，光滑，白色至浅黄色，内部海绵状；菌肉5~8mm厚，干燥时呈白色至乳白色；担孢子（6.5~8.5）μm×（6~8）μm，表面粗糙，球状到近球形，淀粉质。
- **生　　境** 夏秋季生于林中地上，群生或散生。
- **价　　值** 食毒不明。
- **分　　布** 云南、西藏。
- **标 本 号** AF3606

Russula nitida (Pers.) Fr.

- **分类地位**　伞菌纲Agaricomycetes、红菇目Russulales、红菇科Russulaceae
- **形态特征**　子实体小型；菌盖直径2~6cm，初期扁半球形，后期中部下凹或近平展，紫褐色至红紫褐色，光滑，湿时黏，边缘细条纹；菌褶乳黄色，直生至离生，密，等长；菌柄（4~5）cm×（0.6~0.9）cm，圆柱形，向下渐粗，表面白色，表面有点粗糙，内部松软；菌肉白色，质脆；担孢子无色，表面有刺，近卵圆形，（8~10.5）μm×（6~8.5）μm；具有囊状体。
- **生　　境**　夏秋季生于阔叶林中地上，单生或群生。
- **价　　值**　可食用。
- **分　　布**　四川、云南、西藏。
- **标 本 号**　AF3406

美红菇
Russula puellaris Fr.

▪**分类地位**　伞菌纲Agaricomycetes、红菇目Russulales、红菇科Russulaceae

▪**形态特征**　子实体小型；菌盖直径3~5cm，半球形至平展，紫色，中间紫褐色，边缘色浅，有明显条纹，表面光滑，稍黏；菌褶白色至淡黄色，直生，稍密，等长；菌柄近圆柱形，（3~6）cm×（0.5~1.4）cm，白色，内部松软至空心；菌肉白色，中部稍厚；担孢子淡黄色，有小刺，近球形，（6.5~8）μm×（6~7）μm；具有囊状体。

▪**生　　境**　夏秋季生于林中地上，单生和散生。

▪**价　　值**　可食用。

▪**分　　布**　江苏、广东、贵州、四川、湖南、西藏。

▪**标 本 号**　AF3249，AF3250，AF3260，AF3388

玫瑰柄红菇
Russula roseipes Secr. ex Bres.

▪ **分类地位**　　伞菌纲Agaricomycetes、红菇目Russulales、红菇科Russulaceae

▪ **形态特征**　　子实体中等大；菌盖直径6.5～10.5cm，半球状至平展，中间凹形，红灰色至红褐色，中间颜色深，表面有时被白粉末，湿时黏；菌褶白色至淡黄色，直生，等长；菌柄（4～6）cm×（0.5～1）cm，圆柱状，向下渐粗，表面粗糙，有纵向条纹，实心至中空；菌肉白色，伤后不变色；担孢子白色至淡黄色，有小刺，近球形，（6～10.5）μm×（5.5～9）μm；具有囊状体。

▪ **生　　境**　　夏末秋初生于阔叶林中地上，散生或群生。

▪ **价　　值**　　可食用。

▪ **分　　布**　　广东、西藏。

▪ **标 本 号**　　AF1591，AF3479

血根草红菇

Russula sanguinaria (Schumach.) Rauschert

- **分类地位**　伞菌纲Agaricomycetes、红菇目Russulales、红菇科Russulaceae
- **形态特征**　子实体小型；菌盖直径2.5～5cm，半球形至平展，中间稍凹，边缘波状上翘，玫红色，中间色较暗，表面光滑，湿时黏，边缘有条纹；菌褶白色至乳白色，密，等长；菌柄（1～3）cm×（0.9～2.5）cm，圆柱形，向下渐粗，上部分白色，靠基部带粉红色，内部松软；菌肉白色，松软；担孢子具小疣，近球形，（6.5～7.5）μm×（5～6.5）μm；具有囊状体。
- **生　　境**　夏秋季生于林中地上，散生。
- **价　　值**　食毒不明。
- **分　　布**　云南、西藏。
- **标 本 号**　AF3544，AF4386

血根草红菇

尚拉红菇
Russula shanglaensis S. Ullah, Khalid & Fiaz

- **分类地位** 伞菌纲Agaricomycetes、红菇目Russulales、红菇科Russulaceae
- **形态特征** 子实体中等大；菌盖直径3～6.5cm，半球形至平展，中心稍凹，表面青灰色至浅灰绿色，中间颜色深，边缘浅灰色，表面光滑，表皮容易剥落，边缘具条纹；菌褶直生，白色至淡黄色，等长；菌柄（5～8）cm×（0.5～1.2）cm，圆柱形，向下渐粗，表面白色，有纵向条纹，粗糙，内松软；菌肉微白，基部常带淡黄色；担孢子近白色，（6.5～8）μm×（6～7）μm，近球形。
- **生　　境** 夏秋季生于混交林中地上，散生。
- **价　　值** 食毒不明。
- **分　　布** 西藏。
- **标 本 号** AF3188

黄孢紫红菇

Russula turci Bres.

▪分类地位　伞菌纲Agaricomycetes、红菇目Russulales、红菇科Russulaceae

▪形态特征　子实体小型至中等大；菌盖直径2.5～7cm，扁半球形至近平展，中部稍下凹，紫红色，中间色深，表面有白色小颗粒，边缘变淡，边缘平滑或稍有条纹；菌褶浅黄色，直生，厚而脆，等长；菌柄（3～5）cm×（0.8～1.5）cm，圆柱形，白色，有纵向条纹，松软至空心；菌肉白色，松软；担孢子无色，有小疣，近球形，（7～9）μm×（6～7）μm；具有囊状体。

▪生　　境　夏秋季生于松林中地上，群生。

▪价　　值　可食用。

▪分　　布　云南、西藏。

▪标本号　AF3270，AF3275

印度碗状红菇

Russula uttarakhandina A. Ghosh & K. Das

- **分类地位** 伞菌纲Agaricomycetes、红菇目Russulales、红菇科Russulaceae
- **形态特征** 子实体中等大；菌盖直径4.5～6cm，半球形至平展，中心略凹，成熟时边缘上翘，表面光滑，湿时黏，有光泽，暗红褐色，边缘有条纹；菌褶直生，密，白色至粉红色，边缘完整；菌柄（5.5～7）cm×（1～1.2）cm，圆柱形，向下渐粗，表面光滑，具纵向条纹，带粉红色调；菌肉粉白色；担孢子无色，表面粗糙，（6.5～9）μm×（5.5～6.8）μm，近球形，淀粉质。
- **生　　境** 夏秋季生于混交林中地上，单生或散生。
- **价　　值** 食毒不明。
- **分　　布** 湖北、云南、西藏。
- **标 本 号** AF1113

菱红菇

Russula vesca Fr.

▪**分类地位**　伞菌纲Agaricomycetes、红菇目Russulales、红菇科Russulaceae

▪**形态特征**　子实体中等大；菌盖直径3.5~11cm，近半球形至平展，中部稍下凹，颜色多变，红褐色至浅褐色，光滑，湿时黏，边缘具条纹，易开裂；菌褶白色至乳黄色，直生，密；菌柄（2~6）cm×（0.5~1）cm，圆柱形，上下等粗，表面白色，纵向条纹，内实，后松软；菌肉白色至淡黄色；担孢子无色，有小疣，近球形，（6.4~8.5）μm×（4.9~6.7）μm；具有囊状体。

▪**生　　境**　夏秋季生于阔叶林中地上，单生或散生。

▪**价　　值**　可食用。

▪**分　　布**　江苏、福建、湖南、广西、云南、西藏。

▪**标 本 号**　AF2845，AF3574

淡褐红菇
Russula vinosobrunneola G.J. Li & R.L. Zhao

- **分类地位** 伞菌纲Agaricomycetes、红菇目Russulales、红菇科Russulaceae
- **形态特征** 子实体小型至中等大；菌盖直径1～5.5cm，半球状至平展，成熟后中间稍凹，表面浅褐色至棕色，光滑，湿时略黏，边缘色浅，有条纹，很少开裂；菌褶直生，等长，白色至浅褐色；菌柄中生，（4～7）cm×（1～1.5）cm，近圆柱形到圆柱形，表面白色，粗糙，有纵向条纹，向下渐细，松软至中空；担孢子无色，（7.7～9.6）μm×（6.4～8）μm，近球形，表面有小疣。
- **生　　境** 夏秋季生于针叶林和阔叶混交林中地上，单生或群生。
- **价　　值** 食毒不明。
- **分　　布** 黑龙江、西藏。
- **标 本 号** AF670，AF1027

黄孢红菇
Russula xerampelina (Schaeff.) Fr.

- **分类地位** 伞菌纲Agaricomycetes、红菇目Russulales、红菇科Russulaceae
- **形态特征** 子实体中等至大型；菌盖直径4~13cm，半球形至平展，中部下凹，表面粗糙，紫褐色或暗紫红色，中部色更深，不黏或湿时稍黏，边缘有同心圆状条纹，表皮不易剥离；菌褶白色至乳黄色，直生，稍密，等长；菌柄（5~8）cm×（1.5~2.6）cm，中实，后松软，表面白色或带点粉红色，伤后变黄褐色；菌肉白色，伤后变淡黄或黄色；担孢子白色至淡黄色，表面有小疣，近球形，（8.5~10.6）μm×（7.6~8.8）μm；具有囊状体。
- **生　　境** 夏秋季生于针叶林中地上，单生或群生。
- **价　　值** 食药用。
- **分　　布** 中国广泛分布。
- **标 本 号** AF961，AF2613，AF3236

裂褶菌

Schizophyllum commune Fr.

- **分类地位** 伞菌纲Agaricomycetes、伞菌目Agaricales、裂褶菌科Schizophyllaceae
- **别　　名** 白参、树花
- **形态特征** 子实体小型；菌盖扇形或肾形，直径0.6～4cm，白色至灰白色，被粗毛，边缘具多裂瓣，边缘黄褐色；菌褶白色或灰白色，有时淡紫色，窄；菌柄短或无；菌肉薄，质韧，白色；担孢子无色，圆柱形，5～5.5μm。
- **生　　境** 春至秋季生于阔、针叶树的枯枝及腐木上，丛生至群生。
- **价　　值** 食药用。
- **分　　布** 中国广泛分布。
- **标 本 号** AF418，AF2093，AF2460，AF2592，AF2872

裂褶菌

大孢硬皮马勃
Scleroderma bovista Fr.

- **分类地位**　伞菌纲Agaricomycetes、牛肝菌目Boletales、硬皮马勃科Sclerodermataceae
- **形态特征**　子实体小型至中等大，直径1.5～5.5cm，高2～3.5cm，不规则球形至椭球形，包被浅黄色至灰褐色，有韧性，有小块状鳞片，基部有白色根状菌索；孢体暗褐色；担孢子暗褐色，表面有网棱，球形，直径10～18μm。
- **生　　境**　夏秋季生于林中地上，群生。
- **价　　值**　幼时可食用，成熟后可药用。
- **分　　布**　中国广泛分布。
- **标 本 号**　AF4378

粗毛韧革菌

***Stereum hirsutum* (Willd.) Pers.**

- **分类地位**　伞菌纲Agaricomycetes、红菇目Russulales、韧革菌科Stereaceae
- **形态特征**　子实体中等大；菌盖扇形至贝壳形，外伸可达3cm，宽可达10cm，靠近基部青灰色，边缘浅黄色至黄褐色，具同心环纹，被灰白色粗绒毛，波状；菌肉奶油色，韧革质；担孢子（6.5~9.1）μm×（2.5~4）μm，圆柱形，无色，光滑，淀粉质。
- **生　　境**　春季至秋季生于多种阔叶树倒木、树桩上，一至二年生，覆瓦状叠生。
- **价　　值**　可药用。
- **分　　布**　中国东北、华中及青藏高原地区。
- **标 本 号**　AF1477，AF2611

石栎韧革菌
Stereum lithocarpi Y.C. Dai

- **分类地位** 伞菌纲Agaricomycetes、红菇目Russulales、韧革菌科Stereaceae
- **别　　名** 栎韧革菌
- **形态特征** 子实体扇形，新鲜时坚韧革质，干燥时硬木状，突出部分宽可达6~10cm，上表面浅黄色至黄褐色，边缘有同心圆，边缘锋利，波浪状，被绒毛；担孢子大多棍棒状，椭球状，透明，薄壁，光滑。
- **生　　境** 夏秋季生于林中腐木上，覆瓦状叠生。
- **价　　值** 食毒不明。
- **分　　布** 云南、西藏。
- **标 本 号** AF3326

石栎韧革菌

196　扁韧革菌

***Stereum ostrea* (Blume & T. Nees) Fr.**

- **分类地位**　伞菌纲Agaricomycetes、红菇目Russulales、韧革菌科Stereaceae
- **形态特征**　子实体小型至中等大；菌盖（1.5～7.5）cm×（4～12）cm，半圆形或扇形，薄，表面浅茶褐色至深褐色，被短绒毛，同心轮纹明显，边缘色浅，花瓣状；菌柄无或具短柄；担孢子无色，平滑，椭圆或卵圆形，（5～6.5）μm×（2～3.5）μm。
- **生　　境**　夏秋季生于阔叶树枯立木、倒木和木桩上，覆瓦状叠生。
- **价　　值**　食药用。
- **分　　布**　中国广泛分布。
- **标 本 号**　AF4189

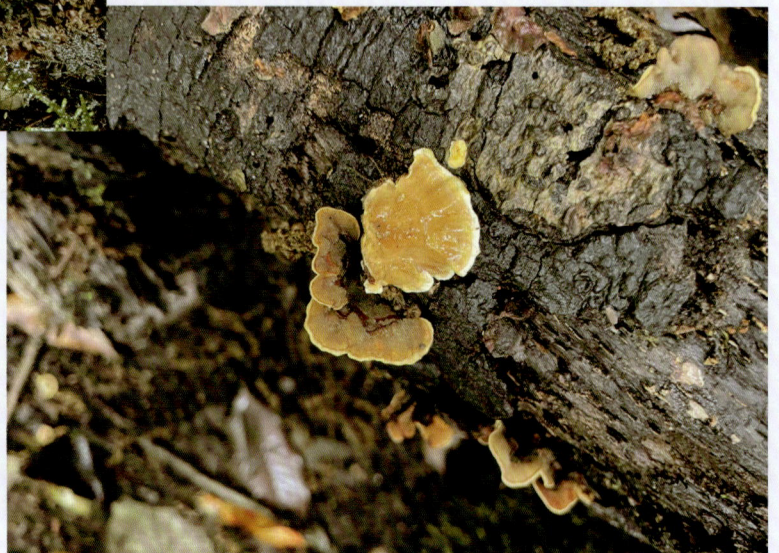

血痕韧革菌

Stereum sanguinolentum (Alb. & Schwein.) Fr.

- **分类地位** 伞菌纲Agaricomycetes、红菇目Russulales、韧革菌科Stereaceae
- **形态特征** 子实体中等大，平伏至平伏反卷；菌盖半圆形或扇形，宽可达5cm，表面初期乳黄色，后呈暗灰褐色至黑褐色，被粗绒毛，具明显同心环，边缘锐，波状，干后内卷，潮湿条件下藻类易于生长在其表面；菌肉新鲜时奶油色；子实层体乳白色至粉褐色，伤后变血红色，担孢子（5.2~6.2）μm×（2.7~3）μm，长椭圆形至圆柱形，无色，薄壁，光滑，淀粉质。
- **生　境** 夏秋季生于针叶树上，覆瓦状叠生。
- **价　值** 食毒不明。
- **分　布** 中国东北、西北和青藏高原地区。
- **标 本 号** AF3601

刺鳞松塔牛肝菌
Strobilomyces echinocephalus Gelardi & Vizzini

- **分类地位** 伞菌纲Agaricomycetes、牛肝菌目Boletales、牛肝菌科Boletaceae
- **形态特征** 子实体小型至中等大；菌盖直径4~8cm，表面白色，覆盖大量黑棕色鳞片，起初向上隆起至贴在表面，边缘淡黑的膜质残留物；菌柄（7~10）cm×（0.7~0.9）cm，具纵向条纹，浅灰色，被浓密絮状黑色鳞片覆盖，基部菌丝体带白色；菌肉白色，略带灰色，伤后变灰黑色；菌孔表面白色，多角形，延生，伤后变褐色；担孢子褐色，宽椭球形至近球形，（8~11.5）μm×（6.8~9.9）μm，表面具纹饰。
- **生　　境** 夏秋季生于阔叶林中地上，单生或散生。
- **价　　值** 食毒不明。
- **分　　布** 湖北、西藏。
- **标 本 号** AF3561

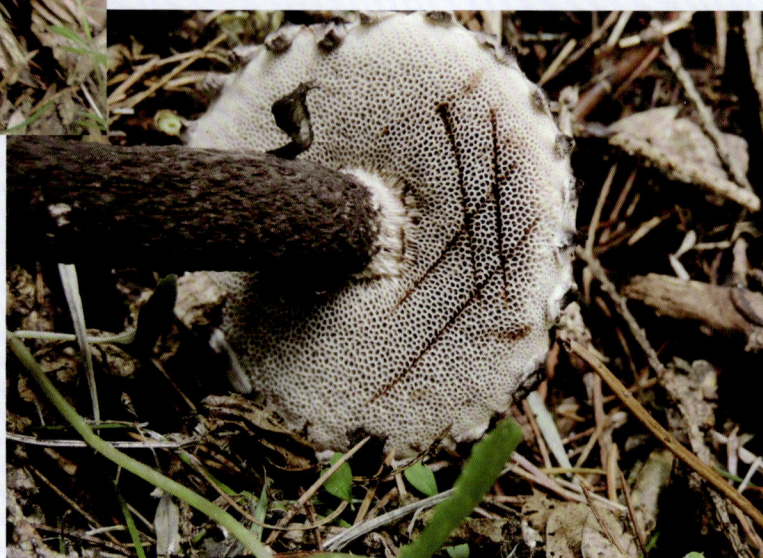

高山乳牛肝菌
Suillus alpinus X.F. Shi & P.G. Liu

- **分类地位** 伞菌纲Agaricomycetes、牛肝菌目Boletales、乳牛肝菌科Suillaceae
- **形态特征** 子实体中等大；菌盖直径4~6.5cm，半球状至平展，成熟时中凸，表面黏，黄褐色至红褐色，被有浅灰色的小鳞片，沿边缘有白色至棕色的残留物；菌柄（4~7）cm×（0.8~1.5）cm，近圆柱形，实心，上部分红褐色，向下灰棕色，菌环以上有网纹，基部表面被白色菌丝；菌环发育良好且持久，上位；菌肉厚，暗白色，伤后慢变蓝或淡蓝色；菌孔延生，淡暗黄色，伤后变暗黄色橄榄色；担孢子黄色至黄褐色，（10~12）μm×（4~5）μm，长椭圆形，壁薄；具有囊状体。
- **生　　境** 春季至秋季群生于高山地区的落叶松下，散生或群生。
- **价　　值** 食毒不明。
- **分　　布** 云南、西藏。
- **标 本 号** AF3248，AF3375，AF3386

美洲乳牛肝菌
Suillus americanus (Peck) Snell

- **分类地位**　伞菌纲Agaricomycetes、牛肝菌目Boletales、乳牛肝菌科Suillaceae
- **形态特征**　子实体中等大；菌盖直径2~6cm，扁半球形至平展，污黄色至奶油黄色，中央有时有不明显的突起，近边缘常被有粉红色或红褐色毡状鳞片，菌盖边缘常有菌幕残余，但后期消失；菌孔污黄色至金黄色，伤后缓慢变淡褐色，延生；菌肉淡黄色，伤不变色；菌柄（4~7）cm×（0.3~1）cm，圆柱形，淡黄色至米白色，被红褐色至褐色点状鳞片；菌环上位，污白色至黄色，易消失；担孢子（8~10）μm×（3.5~4）μm，近梭形，光滑，近无色至浅黄色。
- **生　　境**　夏秋季生于松林中地上，散生。
- **价　　值**　幼时可食。
- **分　　布**　中国华中地区及西藏。
- **标 本 号**　AF1699，AF1703，AF1704，AF4477，AF4549，AF4683

点柄乳牛肝菌

Suillus granulatus (L.) Roussel

- **分类地位** 伞菌纲Agaricomycetes、牛肝菌目Boletales、乳牛肝菌科Suillaceae
- **别　　名** 点柄黏盖牛肝、栗壳牛肝菌
- **形态特征** 子实体中等至大型；菌盖直径4~10cm，扁半球形或近扁平，后中间稍凸，淡黄色或黄褐色，表面黏，干后有光泽，边缘内卷，有时开裂；菌孔直生或稍延生，黄白色至黄色；菌柄（3~10）cm×（0.8~1.6）cm，近圆柱形，基部稍膨大，初期上部浅黄色至黄色，有腺点，下部分浅黄色至黄色；菌肉新鲜时奶油色，后淡黄色；担孢子（6.5~9.5）μm×（3.5~4）μm，椭圆形，光滑，黄褐色。
- **生　　境** 夏秋季生于松树林或针阔混交林中地上，散生、群生或丛生。
- **价　　值** 食药用。
- **分　　布** 中国温带地区。
- **标 本 号** AF733，AF2988

印度乳牛肝菌
Suillus indicus B. Verma & M.S. Reddy

▪**分类地位** 伞菌纲Agaricomycetes、牛肝菌目Boletales、乳牛肝菌科Suillaceae

▪**形态特征** 子实体中等大；菌盖直径3～9cm，中凸至平展，后略上翘，菌盖表面黄褐色，后呈红褐色，表面有红褐色的斑点，光滑，湿时略黏，边缘残留菌幕；菌孔浅黄色，孔形不规则，1～3毫米宽；菌柄中生，（3～8）cm×（1～1.2）cm，圆柱形，向下略膨大，表面黄褐色，粗糙，无腺点；菌环白色至棕色；担孢子（7.5～11.5）μm×（3～4.5）μm，圆柱形，黄褐色。

▪**生　　境** 夏秋季生于混交林中长有苔藓的地上，单生。

▪**价　　值** 食毒不明。

▪**分　　布** 西藏。

▪**标 本 号** AF3674

褐环黏盖乳牛肝菌

Suillus luteus (L.) Roussel

- **分类地位** 伞菌纲Agaricomycetes、牛肝菌目Boletales、乳牛肝菌科Suillaceae
- **形态特征** 子实体中等大；菌盖直径3~10cm，扁半球形至扁平，黄褐色、红褐色或深肉桂色，光滑，很黏；菌孔米黄色或芥黄色，直生或稍下延，或在菌柄周围有凹陷；菌柄长3~8cm，粗1~2.5cm，近柱形或在基部稍膨大，下部分有时弯曲，表面浅黄色，有散生小腺点，上部分颜色深，顶端有网纹；菌环上位，薄，膜质，初黄白色，后呈褐色；菌肉淡白色或稍黄，伤后不变色；担孢子近纺锤形，光滑，浅黄色，（7~10）μm×（3~3.5）μm；具有囊状体。
- **生　境** 夏秋季生于松林或混交林中地上，单生或群生。
- **价　值** 可食用。
- **分　布** 中国广泛分布。
- **标本号** AF522，AF603，AF608，AF751，AF762，AF769

琥珀乳牛肝菌
Suillus placidus (Bonord.) Singer

- **分类地位**　伞菌纲Agaricomycetes、牛肝菌目Boletales、乳牛肝菌科Suillaceae
- **别　　名**　黄黏盖牛肝菌
- **形态特征**　子实体中等大；菌盖直径6~10cm，扁半球形，后近平展，表面初期黄白色至鹅毛黄色，成熟灰紫色，湿时黏，干后有光泽，边缘薄，波状；菌孔污黄色，多角形，每毫米1~2个，直生至延生；菌柄（3~5）cm×（0.7~1.4）cm，近圆柱形，表面同盖颜色，被有乳白色至淡黄色小腺点，内部实心；菌肉白色至黄白色，伤不变色；担孢子（7.5~11）μm×（3.5~4.8）μm，长椭圆形，光滑，黄褐色。
- **生　　境**　夏秋季生于松树林和针阔混交林中地上，群生。
- **价　　值**　可食用。
- **分　　布**　中国温带地区。
- **标 本 号**　AF1019，AF1091，AF3512

泪珠乳牛肝菌

Suillus plorans (Rolland) Kuntze

- **分类地位** 伞菌纲Agaricomycetes、牛肝菌目Boletales、乳牛肝菌科Suillaceae
- **形态特征** 子实体中等大；菌盖直径4~13cm，半球形至扁平，表面红褐色，表面干燥，有平伏纤毛状条纹，边缘平展或波状；菌孔黄色至青黄褐色，直生或离生；菌柄（5~10）cm×（1.5~2）cm，圆柱形，表面黄褐色至褐色，具褐色小疣，实心；菌肉黄色；担孢子浅褐色，光滑，椭圆形，（7.5~10）μm×（3.6~4.5）μm。
- **生　　境** 夏秋季生于松等林中地上，单生或群生。
- **价　　值** 可食用。
- **分　　布** 宁夏、西藏。
- **标 本 号** AF1092

灰乳牛肝菌

Suillus viscidus (L.) Roussel

- **分类地位**　伞菌纲Agaricomycetes、牛肝菌目Boletales、乳牛肝菌科Suillaceae
- **形态特征**　子实体中等大；菌盖直径4~10cm，半球形至平展，中间稍凸，表面灰褐色，光滑，湿时黏，被有分散的黑褐色角状鳞片，边缘不规则；菌柄（5~10）cm×（1~2）cm，圆柱形，基部稍膨大，与菌盖同颜色，粗糙，顶端有网纹；有菌环；菌肉淡白色至淡黄色，伤变色不明显或微变蓝色；菌孔灰色，角形或略呈辐射状，直生至近延生，伤微变蓝色；担孢子带淡黄色，平滑，椭圆形，（9~11）μm×（4~5）μm；具有囊状体。
- **生　　境**　夏秋季生于松林中地上，散生或群生。
- **价　　值**　可食用。
- **分　　布**　黑龙江、云南、甘肃、陕西、四川、西藏。
- **标 本 号**　AF3412，AF3417

朱红栓菌
Trametes cinnabarina (Jacq.) Fr.

▪ 分类地位　傘菌纲Agaricomycetes、多孔菌目Polyporales、多孔菌科Polyporaceae
▪ 形态特征　子实体小型至大型；菌盖直径2～11cm，厚0.5～1cm，扇形或贝壳状，表面橙红色，光滑或有细绒毛，有不规则凸起；菌孔橙红色，每毫米2～4个；菌柄无；菌肉橙色，有明显的环纹，新鲜时肉质，干后木栓质；担孢子无色，椭圆形，（4.5～6）μm×（1.5～3）μm。
▪ 生　　境　夏季生于林中树桩、枯枝上，群生。
▪ 价　　值　可药用。
▪ 分　　布　中国广泛分布。
▪ 标 本 号　AF3139，AF3648

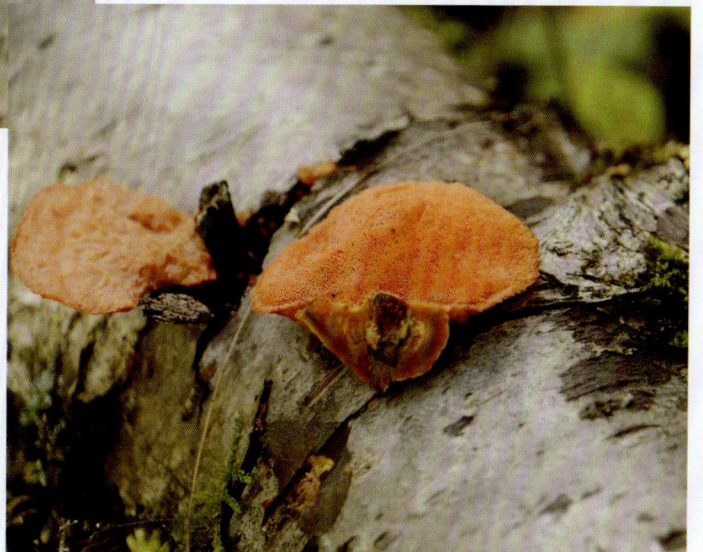

硬毛栓菌
Trametes hirsuta (Wulfen) Lloyd

- **分类地位**   伞菌纲Agaricomycetes、多孔菌目Polyporales、多孔菌科Polyporaceae
- **形态特征**   子实体中等大；菌盖半圆形或扇形，外伸可达4cm，宽可达10cm，表面浅棕黄色，被硬毛和细微绒毛，具明显的同心环纹和环沟，边缘颜色浅；菌孔表面乳白色，多角形；菌肉乳白色，革质，厚可达5mm；担孢子（4～5.5）μm×（1.5～2）μm，圆柱形，无色，薄壁，光滑，非淀粉质。
- **生　　境**   春季至秋季生于阔叶树倒木、树桩上，覆瓦状叠生。
- **价　　值**   食毒不明。
- **分　　布**   中国广泛分布。
- **标 本 号**   AF2713，AF3099，AF3101，AF3104，AF3140

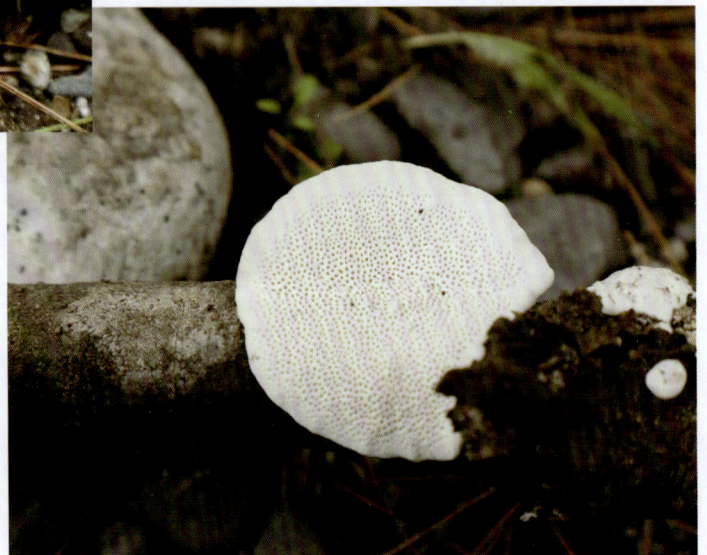

变色栓菌
Trametes versicolor (L.) Lloyd

- **分类地位** 伞菌纲Agaricomycetes、多孔菌目Polyporales、多孔菌科Polyporaceae
- **别 名** 云芝
- **形态特征** 子实体中等大；菌盖半圆形或扇形，外伸可达8cm，宽可达10cm，中部厚可达0.5cm，表面颜色变化多种，黄褐色至黄灰色，被细密绒毛，具同心环带，边缘锐；菌孔口表面奶油色至烟灰色，多角形至近圆形；菌肉乳白色，厚可达2mm，革质；担孢子（4~5.5）μm×（1.8~2）μm，圆柱形，无色，薄壁，光滑，非淀粉质。
- **生 境** 春季至秋季生于林中树桩或腐木上，覆瓦状叠生。
- **价 值** 食毒不明。
- **分 布** 中国广泛分布。
- **标 本 号** AF3071，AF3087，AF3116

松口蘑

Tricholoma matsutake (S. Ito & S. Imai) Singer

- **分类地位** 伞菌纲Agaricomycetes、伞菌目Agaricales、口蘑科Tricholomataceae
- **别　　名** 松蘑、松蕈、松茸、鸡丝菌
- **形态特征** 子实体中等至大型；菌盖直径5～20cm，扁半球形至近平展，污白色，具黄褐色至栗褐色平伏的丝毛状鳞片，表面干燥；菌褶白色或稍带乳黄色，密，弯生，不等长；菌柄粗壮，（6～13.5）cm×（2～2.5）cm，菌环以上污白色被有颗粒，菌环以下具栗褐色纤毛状鳞片，内实，基部有时稍膨大；菌环位于菌柄的上部，丝膜状，上面白色，下面与菌柄同色；菌肉白色，厚，具有特殊香气；担孢子无色，光滑，宽椭圆形至近球形，（6.5～7.5）μm×（4.5～6.2）μm。
- **生　　境** 秋季生于松林或针阔混交林中地上，群生或散生。
- **价　　值** 著名食用菌。
- **分　　布** 黑龙江、吉林、辽宁、四川、贵州、云南、西藏。
- **标　本　号** AF127，AF306，AF433，AF2133，AF2491，AF2645，AF3002

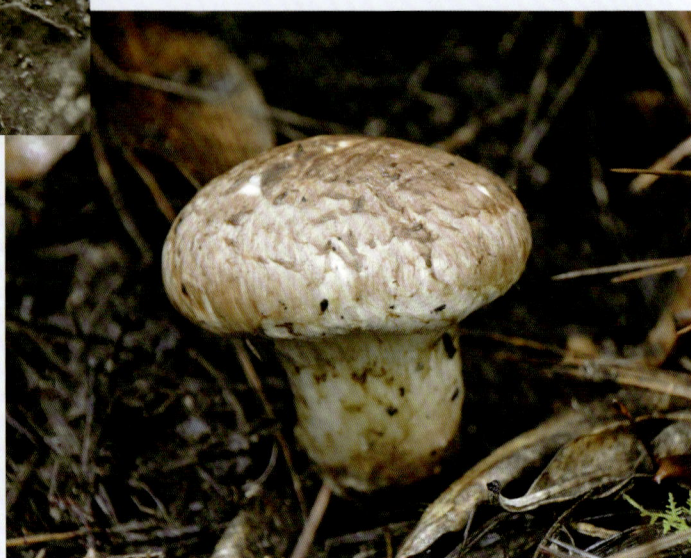

棕灰口蘑
Tricholoma terreum (Schaeff.) P. Kumm.

▪**分类地位**　伞菌纲Agaricomycetes、伞菌目Agaricales、口蘑科Tricholomataceae
▪**别　　名**　灰蘑、小灰蘑
▪**形态特征**　子实体中等大；菌盖直径2～9cm，半球形至平展，中部稍凸起，灰褐色至褐灰色，干燥，具灰褐色纤毛状小鳞片，老后边缘开裂；菌褶白色至浅灰色，稍密，弯生，不等长；菌柄圆柱形，（2.5～8）cm×（0.7～1.2）cm，白色至污白色，具细软毛，内部松软至中空，基部稍膨大；菌肉白色，中等厚；担孢子无色，光滑，椭圆形，（6～8）μm×（4～5）μm。
▪**生　　境**　夏秋季生于松林或混交林中地上，群生或散生。
▪**价　　值**　食毒不明。
▪**分　　布**　中国温带地区。
▪**标　本　号**　AF1608，AF2944

黄拟口蘑
Tricholomopsis decora (Fr.) Singer

- **分类地位**　伞菌纲Agaricomycetes、伞菌目Agaricales、未定科Incertae sedis
- **别　　名**　黄口蘑
- **形态特征**　子实体中等大；菌盖直径2.5～6cm，初期半球形，后平展，中部下凹，边缘内卷，表面黄棕色至棕褐色，密布褐色小鳞片，中部黑褐色；菌褶浅黄色，密，直生至弯生，近离生，不等长；菌柄（2～6.5）cm×（0.3～0.7）cm，上部渐粗，向下渐细，靠近菌褶近白色，下部分污黄色至带褐黄色，具细小鳞片；菌肉黄色，薄；担孢子无色，光滑，宽椭圆形至卵圆形，（5.5～7）μm×（4～5.4）μm；具有囊状体。
- **生　　境**　夏秋季生于腐木上，群生、丛生或单生。
- **价　　值**　可食用。
- **分　　布**　吉林、四川、西藏。
- **标 本 号**　AF1116，AF3460，AF3533，AF3542，AF3706

土黄拟口蘑
***Tricholomopsis sasae* Hongo**

- **分类地位** 伞菌纲Agaricomycetes、伞菌目Agaricales、未定科Incertae sedis
- **形态特征** 子实体小型；菌盖直径1～5cm，扁半球形至平展，中央稍凸，边缘略向下，表面红褐色至土黄色，被有毛状小鳞片，边缘有易脱落的菌幕；菌褶白色带黄色，较宽，边缘白粉末状，近弯生，近稀疏，不等长；菌柄（2～4）cm×（0.3～0.6）cm，圆柱形，易弯曲，向上渐粗，表面土黄色，被有小鳞片，空心；菌肉黄色，薄；担孢子无色，光滑，宽椭圆形或近球形，（5～6.5）μm×（4～5.3）μm；具有囊状体。
- **生　境** 夏秋季生于林中腐枝层及草地上，近丛生。
- **价　值** 食毒不明。
- **分　布** 四川、广西、西藏。
- **标本号** AF3483

粗糙假脐菇
***Tubaria confragosa* (Fr.) Harmaja**

- **分类地位** 伞菌纲Agaricomycetes、伞菌目Agaricales、假脐菇科Tubariaceae
- **形态特征** 菌盖直径3~6cm，半球形至平展，中间下凹，边缘向下弯曲，表面干，黄褐色至肉桂色，被有小鳞片，边缘薄，浅白色，有余残菌幕；菌柄长4~7.5cm，直径4~6mm，圆柱形，纤维质，红棕色，基部白色，被有粉状鳞片，空心；菌褶密，淡黄色或褐色，不等长；菌环上位，白色，薄；菌肉肉桂色，薄；担孢子（6~7.5）μm×（4.5~5）μm，椭圆形至长形，光滑，黄褐色。
- **生　　境** 夏秋季生于针叶林中腐木上，群生或散生。
- **价　　值** 食毒不明。
- **分　　布** 中国东北、华中地区及西藏。
- **标 本 号** AF3208

粗糙假脐菇

薄皮干酪菌
***Tyromyces chioneus* (Fr.) P. Karst.**

- **分类地位** 伞菌纲Agaricomycetes、多孔菌目Polyporales、不定孢科Incrustoporiaceae
- **形态特征** 子实体中等大；菌盖扇形至贝壳状，外伸可达4cm，宽可达6cm，基部厚可达18mm，表面新鲜时淡灰褐色，边缘锐；菌孔表面奶油色至淡褐色，圆形，白色；菌肉新鲜时乳白色，厚可达15mm，革质；担孢子（3.5～4.5）μm×（1～2）μm，圆柱形，无色，薄壁，光滑，非淀粉质。
- **生   境** 夏秋季生于阔叶树落枝上，单生。
- **价   值** 食毒不明。
- **分   布** 中国广泛分布。
- **标 本 号** AF506，AF4680

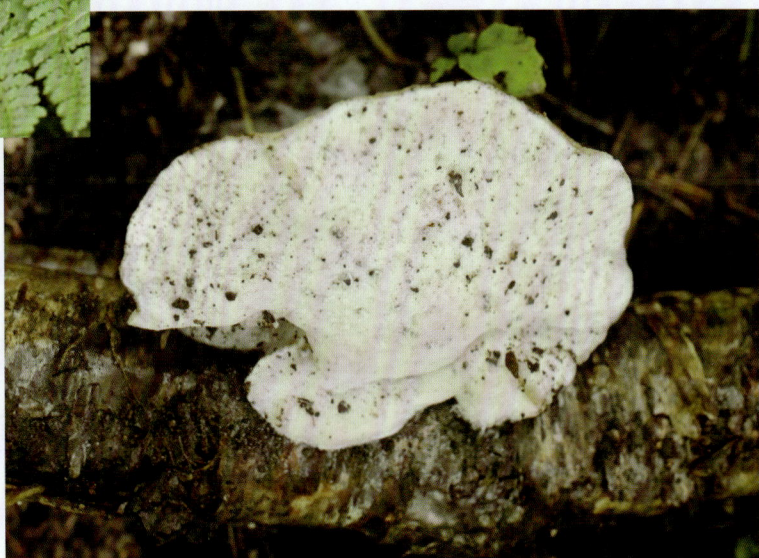

216 长柄绒盖牛肝菌

Xerocomus longistipitatus K. Das, A. Parihar, D. Chakr. & Baghela

- **分类地位** 伞菌纲Agaricomycetes、牛肝菌目Boletales、牛肝菌科Boletaceae
- **形态特征** 子实体中等大；菌盖直径4~8.5cm，半球形至平展，表面干燥，土黄色至黄棕色，被有小绒毛，边缘稍白；菌孔直生到下弯生，草黄色，伤后慢慢变为暗绿色，圆形到棱角状；菌柄（7~18.5）cm×（1~2.4）cm，圆柱形，弯曲，表面淡黄色至粉黄色，有明显的纵向条纹；菌肉乳白色，厚，慢慢变成淡黄色；担孢子（12.6~14.6）μm×（4.2~4.5）μm，椭球状至梨形，形状不规则，薄壁，光滑；具有囊状体。
- **生　境** 夏秋季生于林中地上，单生。
- **价　值** 食毒不明。
- **分　布** 西藏。
- **标 本 号** AF555，AF599，AF958，AF1656，AF2644

217 黄干脐菇
Xeromphalina campanella (Batsch) Kühner & Maire

- **分类地位**　伞菌纲Agaricomycetes、伞菌目Agaricales、小菇科Mycenaceae
- **别　　名**　钟形脐菇、钟形干脐菇
- **形态特征**　子实体小型；菌盖直径1～2.5cm，初半球形，中部下凹成脐状，后边缘展开近似漏斗状，表面橙黄色至土黄色，被有小鳞片，边缘具明显的条纹，易于脱落的菌幕；菌褶表面浅黄色，直生至明显延生，密至稍稀，不等长，稍宽，褶间有横脉相连；菌柄（1～3.5）cm×（0.2～0.3）cm，表面土黄色，被有白色絮状，基部有浅色毛，内部松软至空心；菌肉薄，黄色；担孢子光滑，无色，椭圆形，非淀粉质，（5.5～7.5）μm×（1.8～3.5）μm；具有囊状体。
- **生　　境**　夏秋季生于林中腐朽木桩上，群生。
- **价　　值**　食毒不明。
- **分　　布**　中国广泛分布。
- **标 本 号**　AF3429

近钟形干脐菇
Xeromphalina enigmatica K.W. Hughes & R.H. Petersen

- **分类地位**　　伞菌纲Agaricomycetes、伞菌目Agaricales、小菇科Mycenaceae
- **形态特征**　　子实体小型；菌盖直径0.8～2cm，半球形至钟形，中间下凹，表面肉桂色至红褐色，光滑至被有白色絮状鳞片，边缘浅黄色；菌褶黄白色，明显延生，密至稍稀，不等长，稍宽，褶间有横脉相连；菌柄（1～3.5）cm×（0.2～0.3）cm，往往上部稍粗，浅黄色，下部渐暗，呈暗褐色至黑褐色，基部有浅色毛，内部松软至空心；菌肉很薄，膜质，浅黄色；担孢子（4.6～7.8）μm×（3.0～4.2）μm，无色，圆柱形到椭圆形，透明，薄壁，光滑，淀粉质；具有囊状体。
- **生　　境**　　夏季生于腐木、腐树枝上，簇生至丛生。
- **价　　值**　　食毒不明。
- **分　　布**　　西藏。
- **标 本 号**　　AF3451

近钟形干脐菇

团炭角菌

Xylaria hypoxylon (L.) Grev.

- **分类地位** 粪壳菌纲Sordariomycetes、炭角菌目Xylariales、炭角菌科Xylariaceae
- **形态特征** 子实体分枝状，高1.5～4.5cm，表面黑褐色，有时被有白色粉末状，内部白色，实心，弯曲，基部表面暗褐色至黑色，基部向下伸入木质，被白色绒毛；子囊（30～35）μm×（3.5～4）μm，子囊孢子（4～5）μm×（2.5～3）μm，椭圆形，褐色。
- **生　　境** 夏秋季生于林地上，散生或群生。
- **价　　值** 食毒不明。
- **分　　布** 河北、江苏、云南、海南、西藏。
- **标 本 号** AF3590，AF4438

团炭角菌

大趋木菌

Xylobolus princeps **(Jungh.) Boidin**

- ▪分类地位　伞菌纲Agaricomycetes、红菇目Russulales、韧革菌科Stereaceae
- ▪形态特征　子实体中等大；菌盖半圆形、扇形或贝壳状，外伸可达2cm，宽可达4cm，基部厚可达2mm，表面锈褐色至红褐色，具有黑色至褐色同心环，边缘薄，黄褐色；菌孔浅黄色至灰白色，光滑或具瘤状突起，小而密；菌肉咖啡色，硬木质；该菌通常不育。
- ▪生　　境　春季至秋季生于阔叶树倒木上，多年生，覆瓦状叠生。
- ▪价　　值　食毒不明。
- ▪分　　布　中国华南地区及西藏。
- ▪标 本 号　AF4187

[1] 戴玉成，等. 中国食用菌名录 [J]. 菌物学报, 2010, 29 (1): 1–21.

[2] 戴玉成，杨祝良. 中国药用真菌名录及部分名称的修订 [J]. 菌物学报, 2008, 27 (6): 801–824.

[3] 李玉，等. 中国大型菌物资源图鉴 [M]. 郑州: 中原农民出版社, 2015: 776–793.

[4] 卯晓岚. 中国大型真菌 [M]. 郑州: 河南科学技术出版社, 2000: 255–273.

[5] 图力古尔，等. 中国毒蘑菇名录 [J]. 菌物学报, 2014, 33 (3): 517–548.

[6] Adamčík S et al. Fungal Biodiversity Profiles 1–10 [J]. Cryptogamie Mycologie, 2015, 36 (2): 121–166.

[7] Aldrovandi MS et al. The Xeromphalina campanella/kauffmanii complex: species delineation and biogeographical patterns of speciation [J]. Mycologia, 2015, 107 (6): 1270–1284.

[8] Ariyawansa HA et al. Fungal diversity notes 111–252—taxonomic and phylogenetic contributions to fungal taxa [J]. Fungal Diversity, 2015, 75 (1): 27–274.

[9] Bojantchev D et al. Amanita vernicoccora sp. nov.—the vernal fruiting 'coccora' from California [J]. Mycotaxon, 2011, 117: 485–497.

[10] Cao T et al. A phylogenetic overview of the Hydnaceae (Cantharellales, Basidiomycota) with new taxa from China [J]. Studies in Mycology, 2021, 99: 100121.

[11] Chakraborty D et al. Boletus recapitulatus (Boletaceae), a new species from India with peculiar mushroom-shaped cells [J]. Phytotaxa. 2015, 236 (2): 150–160.

[12] Chakraborty D et al. A new species of Xerocomus (Boletaceae) from India [J]. Mycosphere. 2017, 8 (1): 44–50.

[13] Cho HJ et al. A systematic revision of the ectomycorrhizal genus Laccaria from Korea [J]. Mycologia. 2018, 110 (5): 948–961.

[14] Crous PW et al. Fungal Planet description sheets: 1284–1382 [J]. Persoonia. 2021, 47: 178–374.

[15] Cui YY et al. The family Amanitaceae: molecular phylogeny, higher-rank taxonomy and the species in China [J]. Fungal Diversity. 2018, 91 (1): 5–230.

[16] Cui YY et al. Two new Laccaria species from China based on molecular and morphological evidence [J]. Mycological Progress. 2021, 20 (4): 567–576.

[17] Ekanayaka AH et al. Preliminary classification of Leotiomycetes [J]. Mycosphere. 2019, 10 (1): 310–489.

[18] Snell WH and Dick EA. Notes on Boletes. XV [J]. Mycologia, 1956, 48 (2): 302–310.

[19] Gelardi M et al. Strobilomyces echinocephalus sp. nov. (Boletales) from south-western China, and a key to the genus Strobilomyces worldwide [J]. Mycological Progress, 2013, 12 (3): 575–588.

[20] Grilli E et al. Unexpected species diversity and contrasting evolutionary hypotheses in Hebeloma (Agaricales) sections Sinapizantia and Velutipes in Europe [J]. Mycological Progress, 2016, 15, 5.

[21] Grund W and Stuntz DE. Nova Scotian Inocybes. II. [J]. Mycologia, 1975, 67 (1): 19–31.

[22] Hao YJ et al. Cibaomyces, a new genus of Physalacriaceae from East Asia [J]. Phytotaxa, 2014, 162 (4): 198–210.

[23] Hyde KD et al. Mycosphere notes 325–344 – Novel species and records of fungal taxa from around the world [J]. Mycosphere, 2021, 12 (1): 1101–1156.

[24] Kiran M et al. Description of the fifth new species of Russula subsect. Maculatinae from Pakistan indicates local diversity hotspot of ectomycorrhizal fungi in southwestern Himalayas [J]. Life-Basel, 2021, 11 (7): 662.

[25] Li GJ et al. Fungal diversity notes 253–366: taxonomic and phylogenetic contributions to fungal taxa [J]. Fungal Diversity, 2016, 78 (1): 1–237.

[26] Li GJ et al. Hypogeous gasteroid, Lactarius sulphosmus sp. nov. and agaricoid Russula vinosobrunneola sp. nov. (Russulaceae) from China [J]. Mycosphere, 2019, 9 (4): 838–858.

[27] Liimatainen K et al. The largest type study of Agaricales species to date: bringing identification and nomenclature of Phlegmacium (Cortinarius) into the DNA era [J]. Persoonia, 2014, 33, 98–140.

[28] Liu LN et al. The species of Lentaria (Gomphales, Basidiomycota) from China based on morphological and molecular evidence [J]. Mycological Progress, 2017, 16 (6): 605–612.

[29] Liu S et al. Taxonomy and phylogeny of the Fomitopsis pinicola complex with descriptions of six new species from East Asia [J]. Frontier in Microbiology, 2021, 12.

[30] Naseer A et al. Cortinarius pakistanicus and C. pseudotorvus: two new species in oak forests in the Pakistan Himalayas [J]. MycoKeys, 2020, (74): 91–108.

[31] Phookamsak R et al. Fungal diversity notes 929–1035: taxonomic and phylogenetic contributions on genera and species of fungi [J]. Fungal Diversity, 2019, 95 (1): 1–273.

[32] Rossi W et al. Fungal biodiversity profiles 91–100 [J]. Cryptogamie Mycologie, 2020, 41 (4): 69–107.

[33] Jabeen S et al. Amanita glarea, a new species in section Vaginatae from Pakistan [J]. Phytotaxa, 2017, 306 (2): 135–145.

[34] Shen LL et al. Taxonomy and phylogeny of Postia. Multi–gene phylogeny and taxonomy of the brown–rot fungi: Postia (Polyporales, Basidiomycota) and related genera [J]. Persoonia, 2019, 42: 101–126.

[35] Sher H et al. Clavariadelphus elongatus sp. nov. (Basidiomycota; Clavariadelphaceae)– Addition to the club fungi of Pakistan [J]. Phytotaxa, 2018, 365 (2): 182–188.

[36] Shi XF et al. Two new species of Suillus associated with larches in China [J]. Mycotaxon, 2016, 131 (2): 305–315.

[37] Singer R. Type Studies On Basidiomycetes. II [J]. Mycologia, 1943, 35 (2): 142–163.

[38] Sotome K et al. Taxonomic study of Favolus and Neofavolus gen. nov. segregated from Polyporus (Basidiomycota, Polyporales) [J]. Fungal Diversity, 2013, 58 (1): 245–266.

[39] Spirin V et al. What is Antrodia sensu stricto? [J]. Mycologia, 2013, 105 (6), 1555–1576.

[40] Thiers HD and Halling RE. California Boletes. I [J]. Mycologia, 1976, 68 (5): 976–983.

[41] Ullah S et al. Russula shanglaensis sp. nov. (Basidiomycota: Russulales), a new species from the mix conifereous forests in District Shangla. Pakistan [J]. Turkish Journal of Botany, 2020, 44 (1): 85–92.

[42] Van de Putte K et al. Lactarius volemus sensu lato (Russulales) from northern Thailand: morphological and phylogenetic species concepts explored [J]. Fungal Diversity, 2020, 45 (1): 99–130.

[43] Verma B and Reddy MS. Suillus indicus sp. nov. (Boletales, Basidiomycota), a new boletoid fungus from northwestern Himalayas, India [J]. Mycology, 2015, 6 (1): 35–41.

[44] Wächter D and Melzer A. Proposal for a subdivision of the family Psathyrellaceae based on a taxon–rich phylogenetic analysis with iterative multigene guide tree [J]. Mycological Progress, 2020, 19 (11): 1151–1265.

[45] Wang CQ et al. Hygrophorus annulatus, a new edible member of H. olivaceoalbus complex from southwestern China [J]. Mycoscience, 2021, 62 (2): 137–142.

[46] Wang XH. Three new species of Lactarius sect. Deliciosi from subalpine–alpine regions of central and southwestern China [J]. Cryptogamie Mycologie, 2016, 37 (4): 493–508.

[47] Wisitrassameewong K et al. Lactarius subgenus Russularia (Basidiomycota, Russulales): novel Asian species, worldwide phylogeny and evolutionary relationships [J]. Fungal Biology, 2016, 120 (12): 1554–1581.

[48] Wu F et al. Global diversity and taxonomy of the Auricularia auricula–judae complex (Auriculariales, Basidiomycota) [J]. Mycological Progress, 2015, 14 (10): 95.

[49] Wu F et al. Exidia yadongensis, a new edible species from East Asia [J]. Mycosystema, 2020, 39 (7): 1203–1214.

[50] Xing JH et al. Two new species of Neofavolus (Polyporales, Basidiomycota) based on morphological characters and molecular evidence [J]. Mycological Progress, 2020, 19 (5): 471–480.

[51] Xu J et al. Two new species of Pluteus (Agaricales, Pluteaceae) from China [J]. Phytotaxa, 2015, 233 (1): 61–68.

[52] Yang ZL et al. New species of Amanita from the eastern Himalaya and adjacent regions [J]. Mycologia, 2004, 96 (3): 636–646.

[53] Yu XD et al. Two new species of Melanoleuca (Agaricales, Basidiomycota) from northeastern China, supported by morphological and molecular data [J]. Mycoscience, 2014, 55 (6): 456–461.

[54] Zhao Q et al. Russula nigrovirens sp. nov. (Russulaceae) from southwestern China [J]. Phytotaxa, 2015, 236 (3): 249–256.

[55] Zhao Q et al. Infundibulicybe rufa sp. nov. (Tricholomataceae), a reddish brown species from southwestern China [J]. Phytotaxa, 2016, 266 (2): 134–140.

[56] Zhao RL et al. Towards standardizing taxonomic ranks using divergence times—a case study for reconstruction of the Agaricus taxonomic system [J]. Fungal Diversity, 2016, 78 (1): 239–292.

[57] Zhou HM et al. Phylogeny and diversity of the genus Pseudohydnum (Auriculariales, Basidiomycota) [J]. Journal of Fungi, 2022, 8: 658.

[58] Zhou JL et al. Taxonomy and phylogeny of Polyporus group Melanopus (Polyporales, Basidiomycota) from China [J]. PLoS One, 2016, 11 (8): e0159495.

[59] Zhuang WY et al. Taxonomy of the genus Bisporella (Helotiales) in China with seven new species and four new records [J]. Mycosystema, 2017, 36 (4): 401–420.